Reichsamt für Wetterdienst

Anleitung

für die

Beobachter an den Wetterbeobachtungsstellen

des

deutschen Reichswetterdienstes

Ausgabe für den Klimadienst

Allgemeiner Teil
für die Stationen I.—III. Ordnung

Springer-Verlag Berlin Heidelberg GmbH

ISBN 978-3-662-42820-7   ISBN 978-3-662-43102-3 (eBook)
DOI 10.1007/978-3-662-43102-3

Vorwort.

Als im April 1934 der Deutsche Reichswetterdienst geschaffen wurde, war in den deutschen Beobachtungsnetzen die vom Preußischen Meteorologischen Institut herausgegebene „Anleitung zur Anstellung und Berechnung der Beobachtungen an den deutschen meteorologischen Stationen, 1. Teil, bearbeitet von G. Lüdeling" im Gebrauch. Sie war im Herbst 1920 von dem damaligen „Deutschen Meteorologischen Reichsausschuß", der Vereinigung der Leiter der einzelstaatlichen Netze, als Einheitsanleitung für alle deutschen Beobachtungsnetze beschlossen worden. Sie erschien in dieser Neubearbeitung zum ersten Male im Mai 1924, wurde 1927 überarbeitet und etwas erweitert und 1932 unverändert neu gedruckt. Da jetzt dieser Neudruck vergriffen ist, mußte eine Neuherausgabe erfolgen.

Vielfachen Wünschen entsprechend wird diese in einer wesentlich kürzeren Form hiermit vorgelegt. Das Instrumentarium des deutschen Reichsbeobachtungsnetzes wird in der zur Zeit durchgeführten Neuorganisation durchaus einheitlich gestaltet. So brauchte auf die noch vielfach in den einzelnen Landesnetzen im Gebrauch befindlichen Sonderinstrumente keine Rücksicht mehr genommen werden, wodurch eine wesentliche Raumersparnis eintritt. Im übrigen ist nur das gedruckt worden, was der Beobachter beim Ausführen des Beobachtungsdienstes wissen muß. Der Beobachtungsvorgang ist deutlich herausgearbeitet, die Gliederung straff durchgeführt worden, wodurch die Übersichtlichkeit gewonnen haben dürfte. Daß sich die neue Anweisung an vielen Stellen eng an die bewährte Darstellung der alten Anweisung anlehnt, ist selbstverständlich.

Außer dieser Kurzausgabe ist die Herausgabe eines erweiterten Beobachtungshandbuches geplant, das dem fortgeschrittenen Beobachter in die Hand gegeben werden und vor allem dem Fachmann als Führer bei der Unterweisung der Beobachter dienen soll.

Berlin im März 1936.

Reichsamt für Wetterdienst.

Vorwort

[illegible]

Inhalt.

A. Allgemeines über die Wetterbeobachtungsstellen.

Die Wetterbeobachtungsstellen sind ein Teil des Reichswetterdienstes. Dieser untersteht als Teil der Luftfahrtverwaltung dem Herrn Reichsminister der Luftfahrt. Die betriebliche und wissenschaftliche Spitze des Reichswetterdienstes bildet das Reichsamt für Wetterdienst. Das Netz der Wetterbeobachtungsstellen ist in mehrere Bezirke eingeteilt, die vom Reichsamt für Wetterdienst oder von dem Wetterdienst bei den Luftämtern verwaltet werden. Jedem Beobachter wird mitgeteilt, zu welchem Bezirk er gehört und an welche Stelle er sich in allen Angelegenheiten des Beobachtungsdienstes zu wenden hat.

Zweck der Wetterbeobachtungsstellen. Die Wetterbeobachtungsstellen des Reichswetterdienstes dienen vor allem der fortlaufenden Überwachung des Wetterablaufes. Sie schaffen damit die Grundlagen für die Klimaforschung, deren Ergebnisse in der Land- und Forstwirtschaft, Wasserwirtschaft, Technik und Heilkunde Anwendung finden. Sie dienen auch der Wettervorhersage mit ihrem ausgedehnten Beratungs- und Sicherungsdienst für Luftfahrt, Seefahrt und Wirtschaft. Ihre Angaben werden verwertet für Auskünfte und Gutachten über Wetter und Klima, die von vielen Wirtschaftszweigen gefordert werden. Die Wetterbeobachtungen bilden schließlich das Fundament für Forschungsarbeiten auf dem Gesamtgebiet der Meteorologie. Der Wetterbeobachter übt somit eine sehr nutzbringende Tätigkeit aus.

Aufgaben der Wetterbeobachtungsstellen. Auf Grund internationaler Vereinbarung unterscheidet man je nach Umfang und Art der Aufgaben Beobachtungsstellen (Stationen) I., II. und III. Ordnung, ferner Niederschlagsbeobachtungsstellen.

An den Stationen I. Ordnung werden meteorologische Beobachtungen in größerem Umfange und unter Verwendung von selbstschreibenden Instrumenten ausgeführt.

Die Stationen II. Ordnung stellen mindestens täglich dreimal Beobachtungen über Luftdruck, Temperatur und Feuchtigkeit der Luft, Wind, Bewölkung, Sicht, Niederschlag und andere Erscheinungen an. An einigen von ihnen erfolgen noch Registrierungen des Sonnenscheins oder auch Beobachtungen über die Temperatur des Erdbodens. Die Beobachtung des Luftdruckes ist nicht überall vorgesehen.

Die Stationen III. Ordnung beobachten die gleichen Wetterelemente wie die Stationen II. Ordnung, jedoch ohne Luftdruck und Luftfeuchtigkeit.

Ausnahmsweise können weitere Hilfsstationen mit noch geringerem Arbeitsprogramm eingesetzt werden.

Die Niederschlagsbeobachtungsstellen (Regenstationen) beobachten im allgemeinen nur Menge, Zeit und Art des Niederschlags, sowie die Höhe der Schneedecke.

Für die Zwecke des Flug- und Wirtschaftswetterdienstes arbeiten außerdem besondere Beobachtungsstellen, die meist mehrmals täglich an die in Frage kommenden Wetterwarten berichten. Sie beobachten und melden nach besonderen Anweisungen.

Anforderungen an den Beobachtungsplatz. Da die meteorologischen Stationen nicht die Eigentümlichkeiten einer engbegrenzten Örtlichkeit, sondern das Klima eines weiteren Umkreises feststellen sollen, so dürfen sie nicht in engen Höfen und Straßen mit beschränkter Himmelsschau gelegen sein. Es kommt für sie im Gegenteil nur eine möglichst freie Lage in Betracht.

Die Thermometerhütte und der Regenmesser müssen daher in einem ausgedehnten Garten oder auf einem freien Platz aufgestellt werden, wo die Thermometerhütte möglichst wenig in den Schatten von Bäumen oder Häusern kommt.

Die nähere Prüfung und Auswahl der Stelle für die Aufstellung der Instrumente besorgt ein Meteorologe des Luftamts. Eigenmächtige Umstellungen der Instrumente dürfen nachträglich nicht vorgenommen werden.

Anforderungen an den Beobachter. Der Beobachter muß imstande sein, täglich regelmäßig und pünktlich zu den vorgeschriebenen Beobachtungszeiten (Terminen) morgens (I), nachmittags (II) und abends (III) die Instrumente abzulesen und die allgemeinen Witterungsverhältnisse festzustellen, aber auch in der Zwischenzeit auf die Niederschlags- und sonstigen Witterungserscheinungen zu achten und sie mit möglichst genauen Zeitangaben zu notieren. Den genauen Zeitpunkt der Beobachtungstermine bestimmt das Luftamt.

Für alle Beobachtungsstellen können für besondere Zwecke, z. B. für den Flug- und Wirtschaftswetterdienst, oder für den wasserwirtschaftlichen Meldedienst weitere Beobachtungen festgesetzt werden.

Da es niemals möglich sein wird, daß ein Beobachter allein alle vorgeschriebenen Termine einhalten kann, ist von vornherein für geeignete Vertretung zu sorgen.

Meldungen. Der Beobachter ist verpflichtet, die Ergebnisse der Beobachtungen auf besonderen Vordrucken monatlich zu melden (siehe S. 47). Außerdem können noch besondere Meldungen vereinbart werden.

Ferner ist unverzüglich zu berichten:
über Beschädigungen der Instrumente, damit Ersatz gesandt wird,
über Änderungen, die in der Aufstellung der Instrumente notwendig geworden sind,
über notwendige Instandsetzungen,
über längere Übernahme der Beobachtungen durch einen Vertreter,
über beabsichtigte Aufgabe der Wetterbeobachtungsstelle.

In allen Zweifelsfällen wendet sich der Beobachter sofort an die Dienststelle seines Bezirks, die ihm bereitwilligst Auskunft erteilt oder für die Abstellung irgendwelcher Mängel sorgt.

Für Mitteilungen geschäftlicher Art sind nur die gelieferten Vordrucke zu verwenden, insbesondere dürfen in den Beobachtungstabellen solche Mitteilungen nicht enthalten sein.

Dienstbriefe und -Pakete sind mit dem Vermerk „Gebührenpflichtige Dienstsache" ohne Verwendung von Marken zu senden.

Die Vergebung von Instandsetzungsarbeiten an den Wetter- und Beobachtungsstellen bedarf nach vorheriger Einsendung eines Kostenanschlages der Genehmigung.

Die Rechnungen der Handwerker usw. hat der Beobachter zur Bezahlung einzureichen. Auf ihnen ist wahrheitsgemäß von dem Beobachter zu vermerken:

„Die Richtigkeit und Preiswürdigkeit der Ausführung bescheinigt"

Datum und Unterschrift.

Besichtigungen. Die meteorologischen Stationen werden zeitweise von einem Sachbearbeiter der zuständigen Dienststelle besichtigt, um den Zustand der Geräte festzustellen, etwa entstandene Mängel zu beseitigen und die dauernde Fühlung mit dem Beobachter aufrechtzuerhalten, damit die Messungen und Aufzeichnungen überall in gleicher Weise durchgeführt werden.

B. Die Beobachtungen.

I. Luftdruck.

Zur Messung des Luftdrucks dient das Quecksilberbarometer. Die Höhe des Luftdrucks wird in Millimetern Quecksilber angegeben. Falls die Angabe in Millibar gefordert wird, erhält der Beobachter eine Tafel zur Umrechnung.

Quecksilberbarometer (Stationsbarometer).

Beschreibung. Bei den meteorologischen Stationen sind durchweg Gefäß-barometer im Gebrauch, bei denen der Höhenunterschied zwischen der Quecksilberkuppe in der senkrechten Glasröhre und der Quecksilberoberfläche im unteren Gefäß, ausgedrückt in Millimetern, das Maß des Luftdrucks angibt. In der luftleeren Standröhre ragt das Quecksilber aus dem unteren Gefäße so weit hinauf, als der Druck der umgebenden Luft auf das Quecksilber des Gefäßes es zu heben vermag. Dieser Druck ist die Wirkung der Schwere der bis zur Grenze der Atmosphäre reichenden Luftsäule, er nimmt daher mit zunehmender Seehöhe der Barometeraufstellung ab.

Bei diesem Barometer wird die Ablesung des Standes der unteren Quecksilberoberfläche dadurch erspart, daß deren Schwankungen, dem Querschnittsverhältnis zwischen Gefäß und Barometerrohr entsprechend, bei der Teilung der Skala berücksichtigt sind. Steigt z. B. infolge zunehmenden Luftdrucks das Quecksilber im Barometerrohr, so muß im Gefäß ein Sinken eintreten, aber nicht um die gleiche Höhe, sondern um die gleiche Quecksilbermenge, d. h. nur im Verhältnis der Querschnitte von Rohr und Gefäß. Demnach geben zwar die Skalenteile am oberen Teile des äußeren Hüllrohres den Luftdruck in Millimetern an, ihrer wirklichen Länge nach aber sind sie kleiner, und zwar kommen bei den gewöhnlich für diese Instrumente gewählten Abmessungen 102.5 Skalenteile auf 100 mm.

Da sich beim Stationsbarometer mit Verringerung der in ihm befindlichen Quecksilbermenge der Stand erniedrigt, so muß jeder Verlust von Quecksilber auf das sorgfältigste vermieden werden. Ist durch eine unvorhergesehene Erschütterung oder aus einem anderen Grunde Quecksilber ausgeflossen, so hat der Beobachter unverzüglich Meldung zu machen.

Aufhängung. Das Barometer ist am besten in einem ungeheizten, nach Norden gelegenen Raume nicht zu nahe dem Fenster aufzuhängen. Es muß gegen schnelle Temperaturänderungen und vor unmittelbarer Sonnen- und Ofenstrahlung geschützt sein.

Ein der Beobachtungsstelle überwiesenes Barometer wird im allgemeinen von einem Meteorologen überbracht und aufgehängt. Falls ein Barometer in einer besonderen Versandkiste zugeschickt wird, werden für Auspacken, Zusammensetzung und Aufhängung besondere Anweisungen erteilt.

Für die Aufhängung ist nur der mitgelieferte Haken zu verwenden. Er ist so hoch in der Wand zu befestigen, daß die Mitte der Barometerskala sich in Augenhöhe befindet. Er muß unter allen Umständen ganz fest sitzen, darf aber nur so weit in die Wand getrieben werden, daß das Barometer nirgends die Wand berührt, sondern vollständig frei hängt. Zum Schutz gegen Stöße kann man den unteren Teil des Barometers mit einem Bügel, der an der Wand befestigt ist, umgeben. Der Bügel darf das Barometergefäß nicht berühren. Hinter der Barometerskala wird an der Wand ein Stück weißen Papiers angebracht, damit die Quecksilberkuppe im Barometer auf dem hellen Grunde gut zu sehen ist.

Umhängungen des Barometers sind nur nach vorheriger Genehmigung gestattet.

Vermessung der Seehöhe. Die Seehöhe des Barometers (Höhe über Normal-Null) wird von der hiermit betrauten Behörde vermessen.

Beobachtung am Barometer. Der Luftdruck wird mit Hilfe des Barometers in folgender Weise bestimmt:

1. Das Thermometer am Barometer wird auf zehntel Grad genau abgelesen, und zwar sofort nach dem Herantreten an das Barometer, damit die Körperwärme oder die Beobachtungslampe nicht das Thermometer beeinflußt, das dann eine höhere Temperatur anzeigen würde, als sie das Quecksilber des Barometers tatsächlich besitzt.

2. Das Barometer wird unten unter Anfassen am Hüllrohr (nicht am Gefäß) leicht nach vorn oder nach der Seite bewegt, damit das Quecksilber in der Röhre eine frische Kuppe bildet. Das gleiche wird auch erreicht, indem man leicht an das Rohr klopft.

3. Das Stück weißen Papiers, das an der Wand hinter der Skala des Barometers angebracht ist, wird durch eine elektrische Hand- oder Taschenlampe (falls nötig auch am Tage!) beleuchtet, so daß die Quecksilberkuppe auf dem hellen Hintergrunde sich gut abhebt (Abb. 1 u. 2).

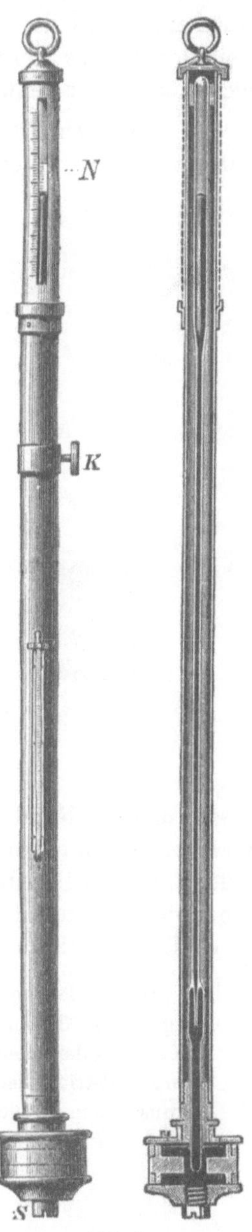
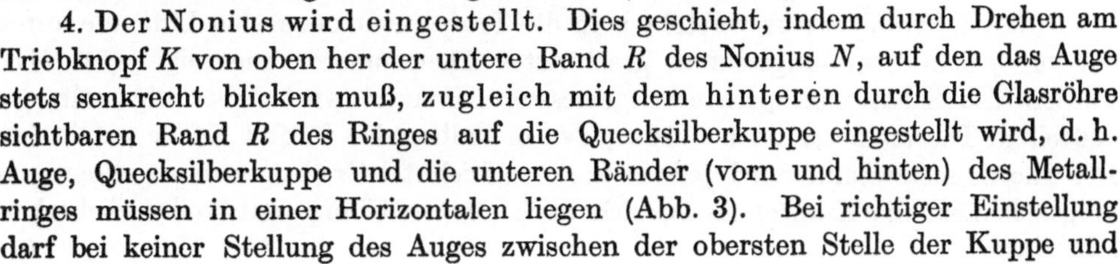

Abb. 1.

4. Der Nonius wird eingestellt. Dies geschieht, indem durch Drehen am Triebknopf K von oben her der untere Rand R des Nonius N, auf den das Auge stets senkrecht blicken muß, zugleich mit dem hinteren durch die Glasröhre sichtbaren Rand R des Ringes auf die Quecksilberkuppe eingestellt wird, d. h. Auge, Quecksilberkuppe und die unteren Ränder (vorn und hinten) des Metallringes müssen in einer Horizontalen liegen (Abb. 3). Bei richtiger Einstellung darf bei keiner Stellung des Auges zwischen der obersten Stelle der Kuppe und

dem unteren Rand des Nonius bzw. des Ringes ein Lichtstreifen sichtbar sein (Abb. 2). Die Ränder müssen scheinbar die Quecksilberkuppe gerade berühren. Rechts und links von der Berührungsstelle entstehen kleine helle Dreiecke (Abb. 2). Auf keinen Fall darf der Nonius aber auch zu tief eingestellt werden, so daß ein Teil der Kuppe verdeckt wird. Während der Einstellung darf das Barometer nicht aus seiner senkrechten Ruhelage gebracht werden.

5. Ablesung des Barometerstandes. An derjenigen Stelle der Skala, auf welche die untere Kante des verschiebbaren Metallringes hinweist, ist der Barometerstand abzulesen. Die Skala ist nur in Millimeter geteilt, doch lassen sich mit einer gewissen Annäherung auch zehntel Millimeter schätzen. So ist bei einer Einstellung wie in der Abb. 2 der Barometerstand 750 und schätzungsweise 3 bis 4 zehntel Millimeter. Um jedoch ganz sicherzugehen, hat man sich des Nonius zu bedienen. Letzterer ist die kleine Skala N (Abb. 2), die sich auf der Vorderseite des verschiebbaren Ringes befindet und

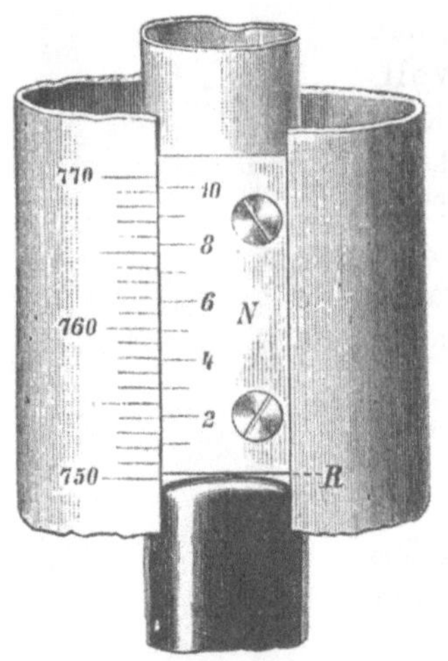

Abb. 2.

Abb. 3.

dessen unteren Rand R zum Nullpunkt hat. Unter den 10 Teilstrichen der Noniusskala wird man einen finden, der mit einem Teilstriche der Hauptskala zusammenfällt, d. h. mit ihm in einer geraden Linie liegt; die zu diesem Teilstriche gehörige Ziffer des Nonius gibt die zehntel Millimeter an. Im vorliegenden Falle (Abb. 2) ist es die 3, so daß also die Ablesung 750.3 mm lautet.

Zur Erklärung des Nonius diene folgendes: Die Gesamtlänge der 10 Teile des Nonius ist gleich 19 Teilen der Hauptskala gemacht, ein Teil des Nonius hat also eine Länge von 1,9 Skalenteilen. Fällt nun z. B., wie in Abb. 2, der Teilstrich 3 des Nonius mit einem Teilstrich der Barometerskala zusammen (hier 756), so wird der Nullpunkt des Nonius einem Punkte gegenüberstehen, der um $3 \times 1.9 = 5.7$ Teile tiefer (unter 756) liegt, d. h. der Nullpunkt des Nonius steht bei $756 - 5.7 = 750.3$ mm der Hauptskala.

II. Lufttemperatur.

Unter Lufttemperatur versteht man die Temperatur der freien Luft, die durch ein vor jedem Strahlungseinfluß geschütztes Thermometer angezeigt wird. Es werden also Schattentemperaturen gemessen. Benutzt wird dabei allgemein das 100teilige Thermometer nach Celsius, das in halbe oder fünftel Grade geteilt ist. Der Thermometerstand wird jedoch stets auf zehntel Grade genau abgelesen und aufgezeichnet; die Zehntel lassen sich nach einiger Übung mit voller Sicherheit schätzen.

Der erforderliche Schutz gegen Strahlungseinfluß wird dadurch erreicht, daß die Thermometer in einer eigens für diesen Zweck gebauten Hütte untergebracht werden.

Die Thermometerhütte.

Beschreibung und Aufstellung der Thermometerhütte. Die Thermometerhütte besteht aus einem weißgestrichenen Holzkasten, dessen 4 Seiten durch Jalousien gebildet werden, die der Luft freien Durchzug gestatten. Der Kasten wird auf ein vierbeiniges, in der Erde befestigtes Gestell aufgesetzt (s. Abb. 4).

Die Thermometerhütte ist in einem ausgedehnten Garten oder auf einem freien Platz aufzustellen, wo sie möglichst wenig in den Schatten von Bäumen oder Häusern kommt.

Abb. 4.

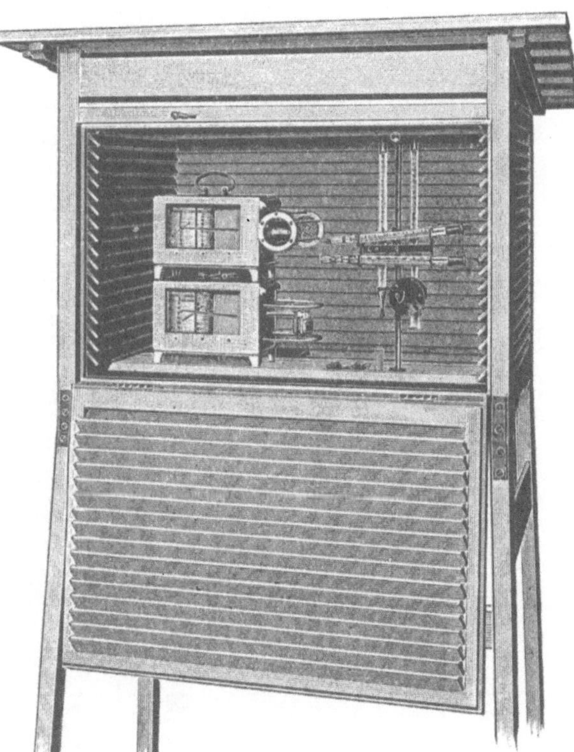

Abb. 5.

Das Gestell, das den oberen Teil der Hütte trägt, muß so tief eingegraben werden, daß die Thermometerkugeln in der Hütte sich 2 m über dem Erdboden befinden. Die Klappe[1]) der Thermometerhütte soll genau nach Norden gerichtet sein. Zur bequemeren Ablesung der Thermometer ist an der Nordseite der Hütte ein dreistufiger Tritt in der Erde zu befestigen. Er darf das Gestell nicht berühren, damit beim Besteigen die Thermometer nicht erschüttert werden.

---

1) An Stelle der Klappe hat sich auch eine zweiflügelige Tür bewährt.

Anbringung der Thermometer in der Thermometerhütte. Die Wetterbeobachtungsstellen II. Ordnung, die neben der Lufttemperatur auch die Luftfeuchtigkeit beobachten, besitzen 4 Thermometer (Abb. 5 u. 6).

1. Das trockene Thermometer (T) } Diese beiden zusammen bilden das
2. Das feuchte Thermometer (F) } Psychrometer (Feuchtigkeitsmesser)

3. Das Maximumthermometer (Ma) } Extremthermometer
4. Das Minimumthermometer (Mi) }

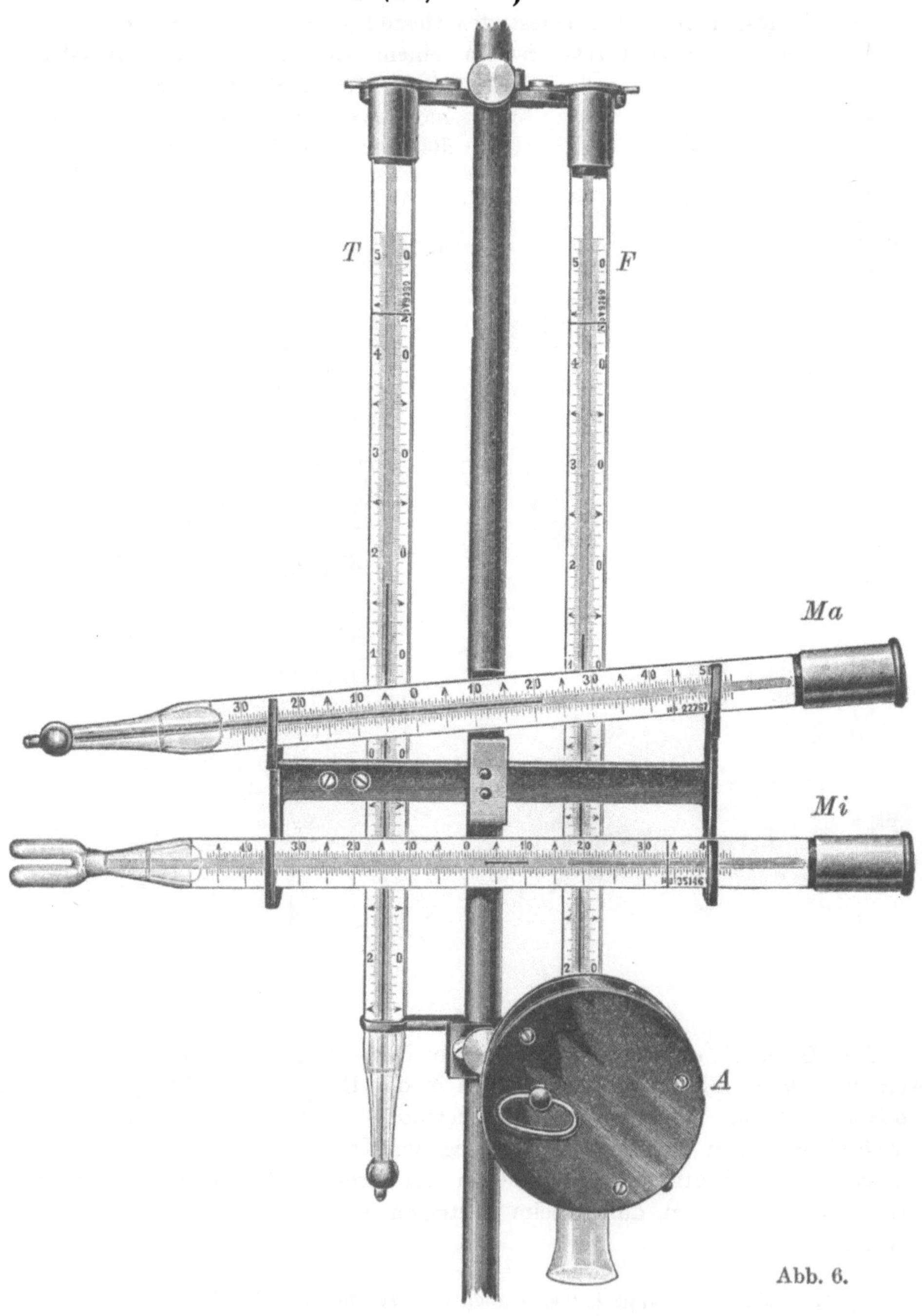

Abb. 6.

Die Wetterbeobachtungsstellen III. Ordnung haben kein feuchtes Thermometer, da sie nicht die Luftfeuchtigkeit messen.

Die beiden das Psychrometer bildenden Thermometer werden mit Hilfe von besonderen Haltern zu beiden Seiten einer senkrechten Metallstange angebracht, die innerhalb der Hütte ein wenig nach der rechten Seite gerückt ist. Links, vom Beobachter aus gesehen, findet das trockene, rechts das feuchte seinen Platz. Zwischen den beiden Haltern wird durch eine Klemmvorrichtung der Träger für die Extremthermometer befestigt. Er wird im Sommer nach unten, im Winter nach oben verschoben, damit im Sommer die höheren, im Winter die tieferen Temperaturgrade der Skalen zur Ablesung frei bleiben.

Die Gefäße der Extremthermometer sollen links vom Beobachter liegen. Das Maximumthermometer ist in die obere Gabel zu legen und erhält durch ein kleines Lager oder neuerdings durch die unsymmetrische Form des Halters eine geneigte Lage, so daß das Kapselende höher liegt. Das Minimumthermometer muß waagerecht in der unteren Gabel liegen.

Links von den Thermometern bietet die Hütte für die Unterbringung von selbstschreibenden Instrumenten Raum. Der Einbau eines leichten Gerüstes ist zu empfehlen, damit diese Apparate nicht aufeinander gestellt werden müssen.

Ist ein Haarhygrometer an der Station vorhanden, so ist es im hinteren Teil der Hütte auf das untere Bodenbrett aufzusetzen.

Die Stationsthermometer (trockenes und feuchtes Thermometer).

Die Thermometerskala ist durch längere Striche in Grade und durch kürzere in fünftel (= zweizehntel) Grade geteilt. Bei der Ablesung müssen aber die

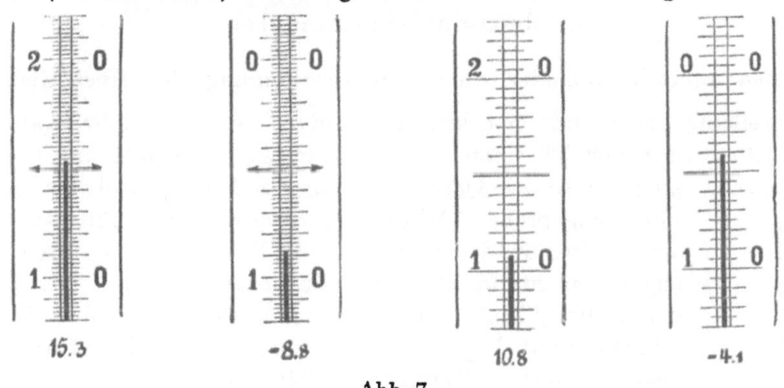

Abb. 7.

ungeraden Zehntel geschätzt werden. Temperaturen über 0^0 sind von 0^0 an aufwärts, Temperaturen unter 0^0 sind von 0^0 an abwärts zu zählen. Temperaturen unter 0^0 ist stets ein Minuszeichen (—) vorzusetzen.

Beispielsweise sind in Abb. 7 bei den angedeuteten Ständen des Quecksilberfadens die folgenden Werte abzulesen:

15.3⁰   —8.8⁰   10.8⁰   —4.1⁰.

Das auf den Stationen II. Ordnung neben dem trockenen Thermometer vorhandene „feuchte" Thermometer hat die gleiche Thermometerskala. Über seine Zweckbestimmung siehe S. 13.

Die Ablesung der Thermometer. Nach Öffnen der Klappe sind zunächst die Zehntel abzulesen, dann erst die ganzen Grade, da sonst infolge der schnellen

Beeinflussung des Thermometers durch die Körperwärme die Werte für die Lufttemperatur verfälscht würden. Das Auge muß stets senkrecht auf die Quecksilberkuppe blicken, da die Thermometerskala hinter der Thermometerröhre liegt und bei schrägem Aufblicken die Ablesung ebenfalls gefälscht würde (Abb. 8).

Zu beachten ist, daß die Kugel des trockenen Thermometers auch wirklich stets trocken ist.

Erfahrungsgemäß irrt sich der Beobachter mitunter um ganze 5⁰ oder 10⁰. Nach der ersten Ablesung sind daher die ganzen Grade noch einmal nachzuprüfen.

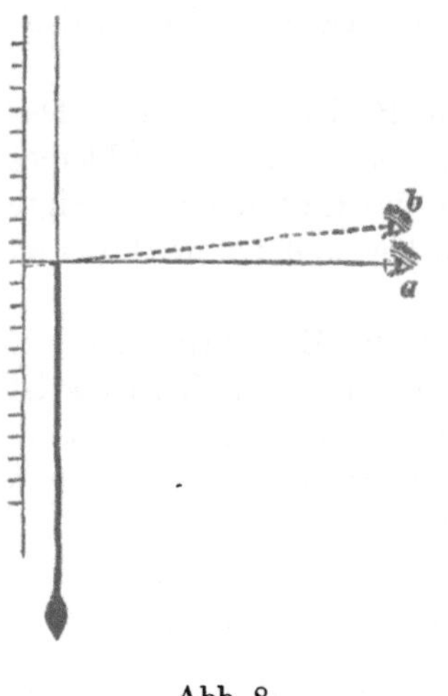

Bei Beschädigungen des trockenen Thermometers ist, bevor ein Ersatzthermometer eintrifft, die Temperatur am Minimumthermometer (Ende des Alkoholfadens) abzulesen.

Bei sehr tiefen Temperaturen, wenn die Skala des trockenen Thermometers nicht mehr ausreicht (etwa unter —25⁰), ist ebenfalls die Temperatur am Minimumthermometer abzulesen.

Extremthermometer.

Zur Bestimmung der höchsten und der tiefsten Temperatur jedes Tages sind die Stationen mit zwei sog. Extremthermometern, einem Maximum- und einem Minimumthermometer, ausgerüstet.

Abb. 8.

a) Maximumthermometer.

Das Maximumthermometer dient zur Bestimmung der Höchsttemperatur.

Beschreibung. Es ist mit Quecksilber gefüllt. Das innere Rohr (Kapillarrohr) ist unmittelbar über der Thermometerkugel verengt. Solange die Temperatur steigt, wird das Quecksilber aus der Kugel durch die Verengung hindurchgepreßt. Wenn die Temperatur sinkt, vermag das Quecksilber in der Ruhelage des Thermometers durch die Verengung nicht in die Kugel zurückzugelangen. Der Faden in der Röhre bleibt so liegen, wie er bei der höchsten Temperatur lag. Das Ende des Quecksilberfadens zeigt also die höchste Temperatur (Maximum) an.

Die Skala des Maximumthermometers ist nur in halbe Grade geteilt. Der Stand des Quecksilberfadens ist aber trotzdem bis auf zehntel Grad genau abzuschätzen. Die Grade von Null Grad nach dem Kapselende zu zeigen Werte über Null, nach dem Gefäßende zu Werte unter Null (Minuswerte) an.

Ablesung und Neueinstellung. Das Maximumthermometer wird zusammen mit dem Minimumthermometer **nur zur Abendbeobachtung** abgelesen. Die höchste Temperatur wird durch das Ende des Quecksilberfadens angezeigt. Nach der Ablesung wird das Thermometer (s. o.) neu eingestellt. Dazu wird es aus dem Halter genommen, am Kapselende festgehalten (Abb. 9) und einige Male kräftig und ruckweise durch die Luft

Abb. 9.

geschwungen, so daß das Quecksilber aus der Röhre wieder

in die Kugel gepreßt wird. Bei richtiger Einstellung muß dann das Maximumthermometer die Temperatur des trockenen Thermometers anzeigen.

Zu einer anderen Zeit als zur Abendbeobachtung darf das Thermometer nicht neu eingestellt werden. Dies gilt insbesondere auch dann, wenn auf besondere Anweisung das Maximumthermometer noch zu anderen Zeiten abgelesen wird.

Schäden am Maximumthermometer. In dem Quecksilberfaden bilden sich mitunter Luftblasen. (Man verwechsle jedoch nicht die Unterbrechungsstelle des Quecksilberfadens unmittelbar über der Thermometerkugel mit einer Luftblase.) Das so schadhaft gewordene Thermometer muß sofort gegen ein neues ausgetauscht werden, wenn eine Vereinigung der getrennten Teile des Quecksilberfadens durch Schleudern nicht erreicht wird.

b) Minimumthermometer.

Das Minimumthermometer dient zur Bestimmung der niedrigsten Temperaturen.

Beschreibung. Das Minimumthermometer ist mit Alkohol gefüllt. Das oft schwer sichtbare Ende des Fadens in der Thermometerröhre gibt wie beim trockenen Thermometer die augenblickliche Temperatur an. In dem Alkoholfaden liegt ein beweglicher Glasstift. Neigt man das Thermometer dem Kapselende zu, gleitet der Glasstift in der Flüssigkeit bis an das Ende des Fadens. Infolge der Oberflächenspannung der Alkoholkuppe dringt er hier durch die Oberfläche nicht hindurch. Lagert man das so eingestellte Thermometer waagerecht, so wird bei sinkender Temperatur der Glasstift mitgenommen; er bleibt aber liegen, falls die Temperatur steigt. Das nach der Kapsel zu weisende Ende des Glasstiftes zeigt demnach die niedrigste Temperatur an.

Die Skala des Minimumthermometers ist wie die des Maximumthermometers in halbe Grade geteilt. Der Stand des Thermometers ist aber auch auf zehntel Grade genau abzuschätzen. Die Grade von 0° nach dem Kapselende zu zeigen Werte über Null, nach dem Gefäßende zu Werte unter Null (Minuswerte) an.

Ablesung und Einstellung. Das Minimumthermometer wird zusammen mit dem Maximumthermometer **nur zur Abendbeobachtung** abgelesen, wenn der Beobachter nicht eine andere Anweisung bekommt. Die niedrigste Temperatur wird durch das nach der Kapsel zu gerichtete Ende des Glasstiftes angezeigt, in Abb. 10

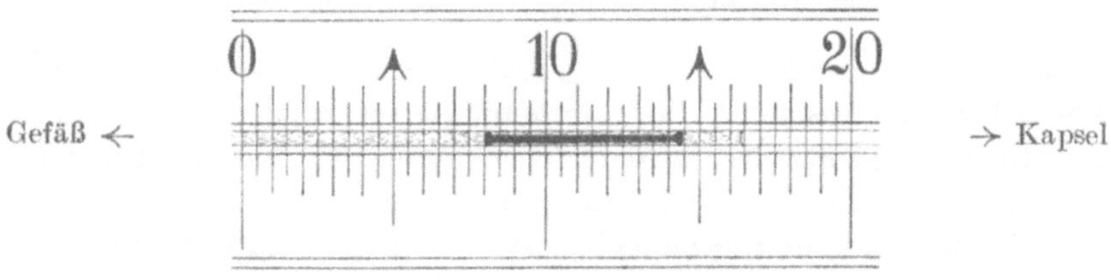

Abb. 10. Mittelstück des Minimumthermometers.

bei 14,5°. Nach der Ablesung wird das Thermometer neu eingestellt. Es wird aus dem Halter genommen und nach dem Kapselende zu so weit geneigt, daß der Glasstift ins Gleiten kommt; man läßt ihn bis an das Ende des Fadens gleiten, wo er durch die Oberflächenspannung zurückgehalten wird, bringt dann das Thermo-

12

meter wieder in die waagerechte Lage und legt es in dieser Lage vorsichtig in den
Halter. Bei richtiger Einstellung muß das der Kapsel zu gerichtete Ende des Glasstiftes die Temperatur des trockenen Thermometers anzeigen. Zu einer anderen
Zeit als zur Abendbeobachtung darf das Thermometer nicht neu eingestellt
werden.

Wird auf besondere Anweisung eine Ablesung noch zu einer anderen Zeit
verlangt, etwa zur Morgenbeobachtung, so ist das Thermometer auch dann nicht
neu einzustellen, vielmehr ist damit bis nach der Ablesung zum Abendtermin zu
warten.

Schäden am Minimumthermometer. Bei schnellen Temperaturänderungen oder
bei Erschütterungen bilden sich mitunter in dem Alkoholfaden Luftblasen. Bisweilen destilliert auch ein Teil des Alkohols in den oberen Teil der Röhre über, wo dann
kleine Tröpfchen zu sehen sind. Werden solche Schäden bemerkt, und läßt sich
eine Vereinigung der Fadenteile durch Schleudern nicht erreichen, dann ist sofort
Nachricht zu geben, damit das Minimumthermometer gegen ein neues ausgetauscht
wird.

Mitunter wird der Glasstift von den Erschütterungen, die der Aspirator (s. S. 14)
verursacht, verschoben. Wenn eine erschütterungsfreie Befestigung des Aspirators
nicht möglich ist, muß ein neuer Aspirator angefordert werden.

Kontrolle der Thermometer. Thermometervergleichungen.

Um Störungen der Thermometer möglichst bald entdecken zu können, werden
das trockene Thermometer, das Maximum- und das Minimumthermometer dreimal monatlich möglichst am 1., 11. und 21. untereinander bei steigender
Temperatur verglichen. Beim feuchten Thermometer ist dies nicht möglich.

Vorbedingung für die richtige Ausführung dieses Vergleiches ist, daß die Temperatur steigt und vorher nicht schon höher war als zur Zeit der Kontrolle, da dann
das Maximumthermometer diesen früheren höheren Stand anzeigen würde. Beim
Minimumthermometer ist nicht die Lage des Stiftes, sondern das Ende des Alkoholfadens abzulesen, in Abb. 10 bei 16,4°.

Die gleichzeitigen Ablesungen der drei Thermometer sind **ohne jede Korrektion**
auf der ersten Seite des Tagebuches und der Monatstabelle einzutragen.

Nach dieser Kontrollablesung dürfen die Extremthermometer nicht neu eingestellt werden (s. S. 10).

Das Minimumthermometer am Erdboden.

Da die Temperaturen unmittelbar am Erdboden von denen in der Thermometerhütte abweichen und besonders die Minimumtemperaturen am Erdboden für die
Pflanzen von Wichtigkeit sind, wird an einer Reihe von Beobachtungsstellen die
Minimumtemperatur am Erdboden in 5 cm Höhe gemessen. Dazu verwendet man
die gleiche Art der Minimumthermometer, die auch in der Hütte verwendet werden.

Aufstellung. Das Minimumthermometer am Erdboden soll möglichst südlich
der Thermometerhütte liegen. Es kann durch ein Drahtnetz, dessen Maschen
mindestens einen Durchmesser von 2 cm haben, geschützt werden. Der Platz ist von
jedem Pflanzenwuchs freizuhalten. Als Halter für das Thermometer verwendet
man entweder einen eigens dafür gebauten Metallhalter, der in einen in die Erde
getriebenen Pflock geschraubt wird und mit Hilfe einer federnden Lamelle das
Thermometer festhält, oder zwei Stützen aus Holz. Es können auch gewöhnliche

Astgabeln oder schmale Brettchen benutzt werden, die an der oberen Kante eingekerbt sind (Abb. 11).

Ablesung und Neueinstellung. Das Minimumthermometer am Erdboden wird zur Morgenbeobachtung abgelesen, aber erst zur Abendbeobachtung genau wie das Minimumthermometer in der Thermometerhütte neu eingestellt.

Verhalten bei Schneedecke. Liegt eine Schneedecke von über 5 cm Höhe, ist das Minimumthermometer unmittelbar auf den Schnee zu legen. Liegt zur Zeit der Beobachtung über dem Thermometer Neuschnee, so ist die Höhe der überlagernden Schicht zu vermerken und das Thermometer nach Ablesung und Neueinstellung auf die Schneedecke zu legen.

Beachtung von Fehlern. Bei dem der Sonne frei ausgesetzten Minimumthermometer am Erdboden destilliert besonders leicht Alkohol in die Erweiterung

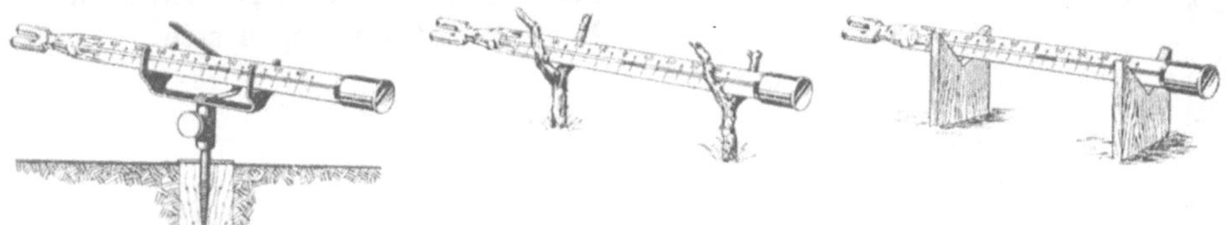

Abb. 11.

der Röhre am Ende über und macht sich dort durch Tröpfchen bemerkbar. Sobald der Beobachter dies feststellt, muß das Thermometer gegen ein neues ausgetauscht werden. Um das Überdestillieren möglichst zu unterbinden, ist es zweckmäßig, das Minimumthermometer tagsüber zum Schutz gegen die Sonnenstrahlung mit einem kleinen Schutzdach zu bedecken. Abends muß das Schutzdach entfernt werden.

III. Luftfeuchtigkeit.

Im Reichswetterdienst wird an den Stationen höherer Ordnung zur Bestimmung der Luftfeuchtigkeit im allgemeinen das Psychrometer benutzt. Es besteht aus dem „trockenen" und dem „feuchten" Thermometer. Mit Hilfe einer geeigneten Vorrichtung (Aspirator) wird an dem feuchten Thermometer ein konstanter Luftstrom von bekannter Stärke vorbeigesogen, es wird „aspiriert". Dadurch erfährt das „feuchte" Thermometer infolge der Verdunstung des Wassers eine Abkühlung, deren Betrag vom Feuchtigkeitsgehalt der Luft und von der Temperatur abhängig ist. Die Größe der Abhängigkeit ist durch Versuche ermittelt, und mit Hilfe von Rechentafeln (Aspirationspsychrometer-Tafeln) läßt sich daher aus den Temperaturen des trockenen und des feuchten Thermometers die Luftfeuchtigkeit ermitteln.

Als Maß der Feuchtigkeit dienen der Dampfdruck und die relative Feuchtigkeit. Unter Dampfdruck versteht man den Druck des in der Luft enthaltenen Wasserdampfes. Er wird in Millimetern Quecksilberhöhe ausgedrückt und ist zahlenmäßig annähernd gleich der in einem Kubikmeter Luft enthaltenen Wassermenge in Grammen.

Die relative Feuchtigkeit ist das Verhältnis des wirklich vorhandenen Wassergehalts zu dem bei der gleichen Temperatur möglichen höchsten Wassergehalt. Dies Verhältnis wird in Prozenten angegeben.

Das Psychrometer mit künstlicher Ventilation.

Beschreibung. Die Form und die Anbringung der beiden Thermometer und des Aspirators werden durch die Skizze der Abb. 12 veranschaulicht. Das feuchte Thermometer ragt von oben her in das Glasansatzrohr *d* des Halters *b* hinein und wird an der oberen Einführungsstelle in den Halter durch einen Lederring dicht abgeschlossen. Die Kugel des feuchten Thermometers ist mit einer einfachen Lage Mull überzogen, der fest der Kugeloberfläche anliegen muß. Bei der Beobachtung muß die Mullhülle feucht bzw. bei Temperaturen unter Null mit einer dünnen Eisschicht überzogen sein.

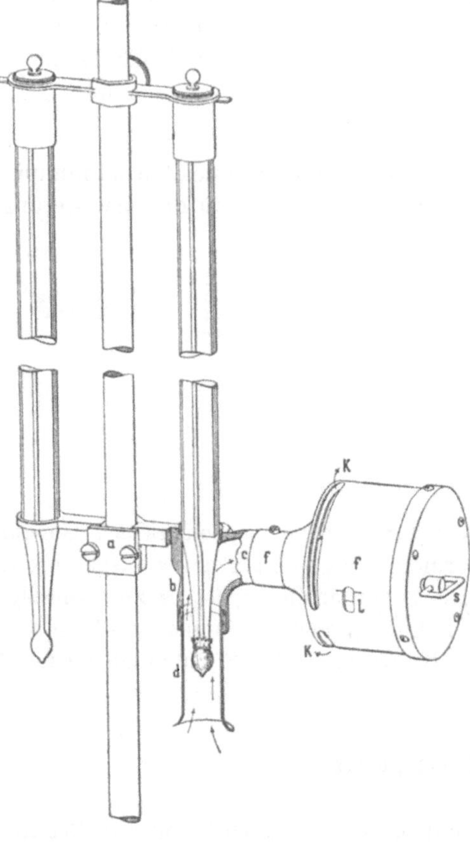

Abb. 12.

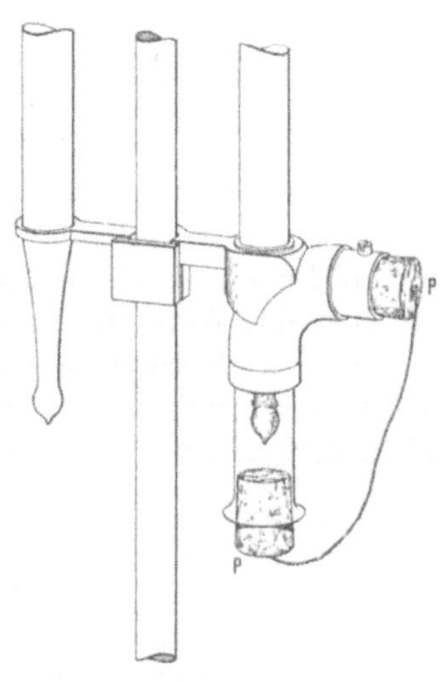

Abb. 13.

Die Befeuchtung wird in folgender Weise durchgeführt: Man füllt das dafür bestimmte Gläschen mit Regenwasser[1]) dreiviertel voll und schiebt es von unten in das gläserne Ansatzrohr des Halters soweit ein, bis die Mullumhüllung der Thermometerkugel unter Wasser kommt. Dann wird das Gläschen zurückgezogen. Man bewahrt es am besten stehend in einem mit entsprechender Bohrung versehenen Klötzchen auf. Damit die Feuchtigkeit der Mullhülle nicht zu schnell verdunstet, wird der Innenraum des Halters durch Korke an der Öffnung des Glasansatzrohres und am Ansatzstück für den Aspirator abgeschlossen. Für die eigentliche Messung saugt ein Aspirator, der auf das Ansatzstück des Halters gesetzt wird, einen Luftstrom mit 2 bis 3 m Geschwindigkeit an der befeuchteten Thermometerkugel vorbei, die sich infolge der Wasserverdunstung im Luftstrom schnell abkühlt. Das feuchte Thermometer sinkt, bis nach 3 bis 5 Minuten Stillstand eintritt.

---

1) Den Vorrat an Regenwasser bewahre man in der Hütte in einem verkorkten Fläschchen auf.

Die Ausführung der Feuchtigkeitsmessung.

Die Feuchtigkeitsmessung wird in folgender Weise vorgenommen:

1. Vor der Messung werden die beiden Korke entfernt, die das Glasansatzrohr und die Öffnung am Ansatzstück des Halters verschließen.
2. Im Sommer wird die Mullhülle befeuchtet.
3. Der Aspirator wird aufgezogen und auf das Ansatzstück des Halters aufgesetzt.
4. Die Hüttentür wird geschlossen.
5. Nach 3 Minuten im Sommer, nach 5 Minuten im Winter werden trockenes und feuchtes Thermometer schnell hintereinander abgelesen.
6. Bei Temperaturen um und unter 0^{0} wird der Zustand des Mulls, ob feucht oder vereist, geprüft und bei der Eintragung der Temperaturwerte in das Tagebuch durch ein „w" oder „e" gekennzeichnet. Ist nicht mit Sicherheit festzustellen, ob die Mullumhüllung feucht oder vereist ist, wird bei Temperaturen unter 0^{0} Vereisung angenommen.
7. Die Mullhülle wird befeuchtet.
8. Der Aspirator ist abzunehmen und in die Blechdose zu legen.
9. Die Korke werden wieder aufgesetzt.

Die Wartezeit von 3 bis 5 Minuten nach dem Aufsetzen des Aspirators bis zum Ablesen ist auf jeden Fall innezuhalten, da sonst ganz falsche Feuchtigkeitswerte gemessen werden.

Vermeidung von Fehlern. Das feuchte Thermometer darf zusammen mit dem trockenen nicht zu früh, aber auch nicht zu spät abgelesen werden. Falls man im Zweifel ist, wie lange man seit Aufsetzen des Aspirators bereits gewartet hat, ist mehrmals nachzusehen, ob der Stand des feuchten Thermometers sich noch ändert.

Die Mullumhüllung darf nirgends schadhaft sein. Sie wird zweckmäßig halbjährlich erneuert. Ein quadratisches Mulläppchen von etwa 4 cm Seitenlänge wird in Wasser getaucht, in einfacher Lage so um die Thermometerkugel gelegt, daß es die Kugel dicht und möglichst faltenlos umschließt. Dicht oberhalb der Kugel wird es durch einen Faden festgebunden. Die über den Faden hinausragenden Teile sind kurz abzuschneiden.

Bei Temperaturen unter Null darf die Mullumhüllung nur so weit befeuchtet werden, daß die Eisschicht ganz dünn bleibt. Eine Befeuchtung bei jeder Beobachtung ist dann oft nicht notwendig. Zu dicke Eisschichten werden durch Eintauchen des Thermometers in lauwarmes Wasser aufgetaut.

Wenn das feuchte Thermometer bei der Aspiration bis auf den Gefrierpunkt sinkt, verharrt das Ende des Quecksilberfadens oft einige Zeit bei Null Grad, weil beim Gefrieren des Wassers seine freiwerdende „Schmelzwärme" die Temperatur zunächst nicht weiter sinken läßt. Man muß dann den Aspirator unter Umständen noch einmal aufziehen und aufsetzen und warten, bis der Thermometerstand unter Null Grad sinkt und sich nicht mehr ändert.

Wenn trotz aller Vorsichtsmaßnahmen das feuchte Thermometer so viel höhere Werte als das trockene aufweist, daß die Psychrometertafel eine Bestimmung der Luftfeuchtigkeit nicht zuläßt, sind die Werte des feuchten Thermometers in die Beobachtungstabelle nur mit Bleistift einzutragen. Feuchtigkeitswerte werden dann nicht berechnet.

Beschädigungen des Aspirators. Bei Beschädigung des Aspirators ist sofort ein Ersatzapparat anzufordern. Die Feuchtigkeitsbeobachtungen sind aber nicht einzustellen, sondern es wird ohne Aspirator beobachtet. Man schraubt dazu das Glasansatzrohr ab, befeuchtet das feuchte Thermometer im Sommer 10, im Winter 30 Minuten vor der Beobachtung und liest wie gewöhnlich ab. In der Zwischenzeit hat die natürliche Luftbewegung die Verdunstung des Wassers herbeigeführt, so daß auch bei dieser Methode sich die dem Feuchtigkeitszustand der Luft entsprechende Differenz zwischen dem trockenen und feuchten Thermometer einstellt. In dem Tagebuch und in der Monatstabelle wird vermerkt, daß ohne Aspirator beobachtet worden ist. Dampfdruck und relative Feuchtigkeit werden dann nicht berechnet.

Aufbewahrung des Aspirators. Der Aspirator wird am besten in einer geschlossenen Blechdose in einem ungeheizten Zimmer aufbewahrt. Er darf nicht aus dem Kalten ins Warme gebracht werden, da sonst die Eisenteile beschlagen und rosten.

Prüfung des Aspirators. Der Aspirator ist monatlich einmal zu prüfen, und zwar in folgender Weise:

In der Gehäusekapsel *f* des Aspirators befindet sich ein Kontrollfenster *l*, durch das man das Federhaus beim Umlauf beobachten kann (s. Abb. 12, S. 14). Man zieht das Uhrwerk auf und läßt es laufen, bis in dem Kontrollfenster die auf dem Federhaus angebrachte Marke sichtbar wird. Mit der Fingerspitze wird dann die Aspiratorscheibe durch den Spalt *K* gebremst und, wenn die Marke des Federhauses mit den neben dem Fenster angebrachten Strichen zusammenfällt, angehalten. Man zieht das Uhrwerk wieder ganz auf und läßt es wieder laufen, nachdem man einen Blick auf den Sekundenzeiger der Uhr geworfen und sich dessen Stellung gemerkt hat. Man mißt die Zeit, bis die Marke des Federhauses wieder mit der Marke am Gehäuse zusammenfällt, also eine Umdrehung des Federhauses vollendet ist, und stellt weiter, ohne die Aspiratorscheibe anzuhalten, in gleicher Weise die 2., 3. und 4. Umdrehungszeit des Federhauses fest. Die Werte werden auf der ersten Seite des Tagebuches und der Beobachtungstabelle verzeichnet. Ist das Laufwerk gut in Ordnung, so darf die erste volle Umdrehungszeit des Federhauses nicht länger als 100 Sekunden dauern. Falls sie größer ist, muß der Aspirator gegen einen neuen ausgetauscht werden.

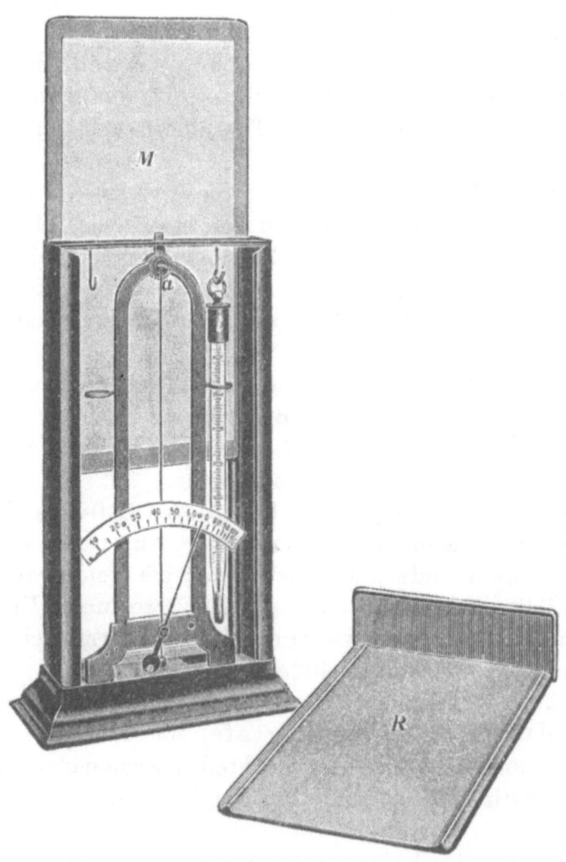

Abb. 14.

Das Haarhygrometer.

Beim Haarhygrometer (Abb. 14) wird die Eigenschaft der Haare, sich mit zunehmender Luftfeuchtigkeit zu verlängern, als Mittel zur Messung der letzteren benutzt. Auf Grund von

Versuchen ist die Skala so eingerichtet, daß der Stand des Zeigers unmittelbar die relative Feuchtigkeit in Prozenten angibt. Das Haarhygrometer ist also kein selbständiges Instrument, liefert indessen eine willkommene Ergänzung und Kontrolle der Angaben des Psychrometers, zumal im Winter.

Die am meisten verwendete Form des Haarhygrometers (nach K. Koppe) zeichnet sich dadurch aus, daß wenigstens ein Punkt der Skala, der Sättigungspunkt (100 %), unabhängig von anderen Feuchtigkeitsmessern, festgestellt und jederzeit nachgeprüft werden kann. Diese Bestimmung geschieht im Zimmer in folgender Weise. Man taucht das mit Musselin überzogene Rähmchen in Wasser ein, läßt es ein wenig abtropfen und schiebt es dann in die innere Nute auf der Rückseite des Blechkästchens ein. Letzteres wird nun, durch Einsetzen der Glasscheibe vorn und des Blechschiebers hinten, vollkommen abgeschlossen, so daß sich die darin befindliche Luft ganz mit Feuchtigkeit sättigt. Wenn der Stand des Zeigers (auch bei leichter Erschütterung des Kästchens) unverändert bleibt, entspricht er dem Sättigungszustande. Weicht der Stand von dem Teilstriche 100 der Skala ab, dann sind die Angaben des Instruments um den Betrag der Abweichung fehlerhaft. Man kann den Fehler aber sofort beseitigen, indem man den beigegebenen Uhrschlüssel durch die Öffnung oben in der Glasplatte einführt und durch Auf- oder Abwickeln des Haares den Zeiger auf 100 dreht; die Erschütterungen durch schwaches Aufklopfen sind hierbei fortzusetzen.

Diese Prüfung und Justierung soll möglichst am 1., 11. und 21. jedes Monats vorgenommen werden.

IV. Wind.

Windrichtung.

Als Richtung des Windes ist die Richtung anzugeben, aus der der Wind weht. Die genaue Kenntnis der Himmelsrichtungen ist unbedingt erforderlich.

Zur Beurteilung der Windrichtung darf der Beobachter niemals den Zug der Wolken benutzen, selbst dann nicht, wenn sie anscheinend sehr niedrig ziehen; denn die Richtung der Luftströmungen ist oft schon in Wolkenhöhe wesentlich anders als am Erdboden. Im allgemeinen gilt als „Windrichtung" die Richtung der Luftströmung in einer Höhe bis zu etwa 100 m über dem Erdboden. Die Benutzung hoch stehender Kirchturmfahnen ist daher noch zulässig. Es muß aber vorher festgestellt werden, ob sie sich auch bei schwächeren Winden drehen und ob sie nicht infolge schiefer Aufstellung gewisse Richtungen bevorzugt anzeigen. Etwa vorhandene Richtungskreuze sind mit einem Kompaß auf ihre richtige Einstellung zu prüfen. Der aus den Fabrikschloten und den Schornsteinen hoher Häuser ausströmende Rauch gewährt häufig ein sehr brauchbares und empfindliches Hilfsmittel zur Bestimmung der Windrichtung, auch ist als Ersatz für eine Windfahne die Anbringung eines Wimpels oder einer Windtüte an einer genügend hohen Stange recht zweckmäßig. Streng genommen kann man die Richtung des Rauches, der Windfahnen usw. nur dann richtig beurteilen, wenn man sich darunter befindet. Sonst bedarf es wegen der perspektivischen Täuschung besonderer Vorsicht und Sorgfalt. Nur im Notfalle ist die Windrichtung bei ganz schwacher Luftbewegung nach dem Gefühl, nach dem benetzten Finger, durch Zigarrenrauch und ähnliche Aushilfsmittel zu bestimmen.

Da die Beobachtung am bequemsten durch einwandfrei stehende Fahnen erfolgt, wird in der Regel eine Windfahne an den Beobachter abgegeben.

Falls bei Dunkelheit die Stellung der Windfahne nicht erkennbar ist, muß die Windrichtung nach dem Gefühl oder anderen Anzeichen festgestellt werden.

Windfahne mit Stärketafel. Die am meisten gebrauchte Form der Windfahne ist in Abb. 15 dargestellt. Unterhalb der sich drehenden Fahne F ist ein Richtungskreuz K angebracht, an dessen einer Stange ein N (Nord) angebracht ist. Mit der Fahne ist die Windstärke-Tafel T so verbunden, daß sie stets senkrecht vom Wind getroffen wird; da sie je nach der Windstärke um einen Winkel gehoben wird, der an den Stiften eines daran befindlichen Kreisbogens B abgelesen werden kann, dient sie zur Bestimmung der Windgeschwindigkeit.

Aufstellung der Windfahne. Die Windfahne kann entweder auf Türmen und

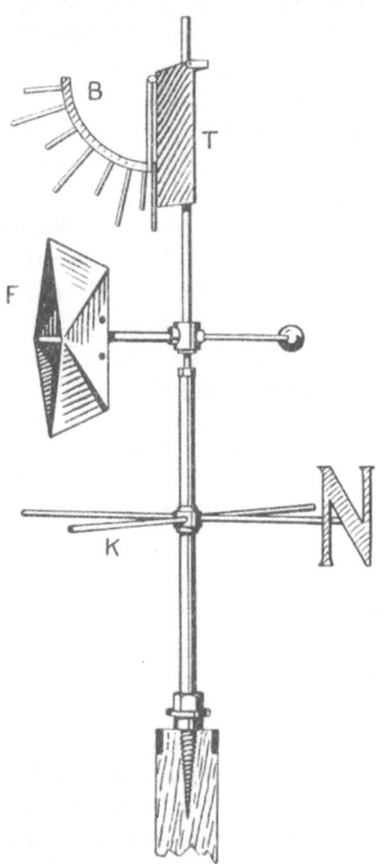

Abb. 15.

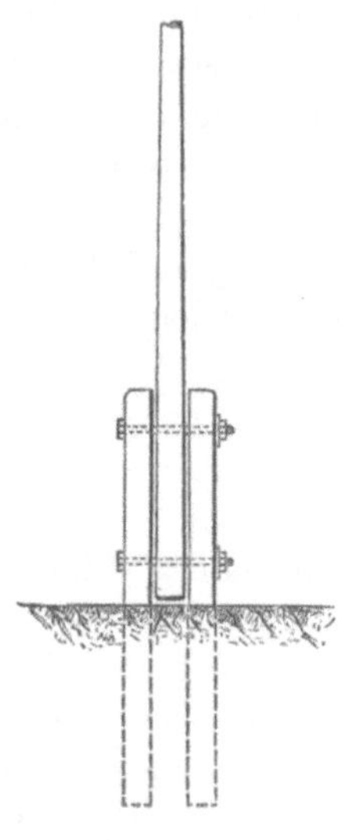

Abb. 16.

Dachfirsten, wenn der Anschluß an eine Blitzableiteranlage sachgemäß ausgeführt werden kann, oder auf einem starken Maste aufgestellt werden. Sie muß aber alle benachbarten Gegenstände, wie Dächer, Bäume usw. überragen. Auch in völlig freiem Gelände muß sie wenigstens **6 m** über dem Erdboden stehen. Der Mast ist umlegbar einzurichten, damit Ausbesserungen der Windfahne bequem vorgenommen werden können. Er soll deshalb zwischen zwei kräftigen, in die Erde versenkten Pfosten stehen und hier durch zwei starke, eiserne, durch Schraubenmuttern gesicherte Bolzen festgehalten werden (Abb. 16). Unter Umständen ist der Mast noch durch Drähte zu verankern. Selbstverständlich hat man darauf zu achten, daß Mast und besonders die Windfahne lotrecht stehen. Mast und Pfosten sind vor dem Aufrichten mit Karbolineum zu streichen. Das obere Ende des Mastes, in das die Trägerachse der Windfahne einzuschrauben ist, muß noch einen Durchmesser von 8 cm haben und durch einen herumgelegten eisernen Ring gegen ein Spalten des Holzes gesichert sein. Außerdem ist der Mast oben durch eine überstehende Zinkblechkappe gegen das Eindringen von Feuchtigkeit zu schützen.

Das Richtungskreuz ist so zu drehen, daß N genau nach Norden zeigt. Auf Wunsch kann für die Aufstellung ein Kompaß zur Verfügung gestellt werden. Die Stellung des Richtungskreuzes muß wenigstens einmal im Jahr nachgeprüft werden. Besteht aus irgendeinem Grunde Anlaß zur Annahme, daß es sich gedreht hat, dann ist die Nachprüfung sofort vorzunehmen.

Aufzeichnung der Windrichtung. Für die Aufzeichnung genügt im allgemeinen eine der 8 Hauptwindrichtungen, wobei folgende Buchstabenabkürzungen anzuwenden sind:

N = Nord	= 32	S = Süd	= 16
NE = Nordost	= 04	SW = Südwest	= 20
E = Ost	= 08	W = West	= 24
SE = Südost	= 12	NW = Nordwest	= 28

An Stelle der Windrichtung ist bei Windstille C (= Calme) = 00 zu setzen.

Die vorstehende Bezeichnungsweise ist international vereinbart; sie weicht von der in Deutschland sonst üblichen nur insofern ab, als Ost nicht als O, sondern mit E (nach dem englischen East = Ost) bezeichnet wird. Es ist aber auch kein Fehler, wenn die deutsche Abkürzung O für Ost benutzt wird.

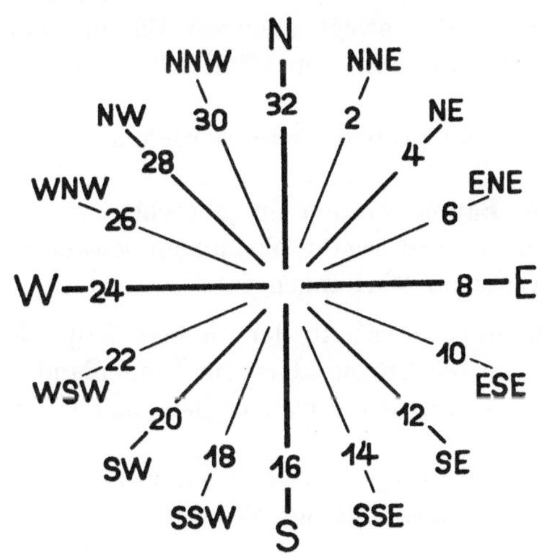

Abb. 17. Windrose.

Die Schlüsselzahlen nach der 32 teiligen Windrose (Abb. 17) sind nur auf besondere Anweisung hin anzuwenden.

Ist der Beobachter imstande, auch die Zwischenrichtungen sicher zu erkennen, dann ist deren Eintragung erwünscht. Er bedient sich dabei der folgenden Abkürzungen:

NNE (= 02), ENE (= 06), ESE (= 10), SSE (= 14),
SSW (=18), WSW (= 22), WNW (= 26), NNW (= 30)

Windstärke.

Die Schätzung der Windstärke. Die Windstärke wird nach der zuerst von dem Admiral Beaufort vorgeschlagenen und nach ihm genannten Beaufortskala angegeben und, falls andere Hilfsmittel nicht vorhanden sind, geschätzt. Die Stufen der Skala sind folgendermaßen zu deuten:

C = vollkommene Windstille (Calme),

1 = leiser Zug, der Rauch steigt fast gerade empor,

2 = leichter Wind, hebt einen leichten Wimpel und bewegt zeitweilig Blätter von Bäumen,

3 = schwacher Wind, bewegt eine Flagge und setzt Blätter von Sträuchern und Bäumen in ziemlich ununterbrochene Bewegung, kräuselt die Oberfläche stehender Gewässer,

4 = mäßiger Wind, streckt einen Wimpel, bewegt unbelaubte schwächere Baumäste,

5 = frischer Wind, streckt größere Flaggen, bewegt unbelaubte größere Äste, wird für das Gefühl schon unangenehm, wirft auf stehenden Gewässern Wellen,

6 = starker Wind, wird an Häusern und anderen festen Gegenständen hörbar, bewegt schwächere Bäume, wirft auf stehenden Gewässern Wellen, die vereinzelt Schaumköpfe zeigen,

7 = steifer Wind, bewegt unbelaubte Bäume mittlerer Stärke, wirft auf stehenden Gewässern Wellen mit vielen Schaumköpfen,

8 = stürmischer Wind, bewegt stärkere Bäume und bricht Zweige und normale Äste ab; ein gegen den Wind schreitender Mensch wird merkbar aufgehalten,

9 = Sturm, unbelaubte größere Äste werden abgebrochen, Dächer werden beschädigt,

10 = voller Sturm, Bäume werden umgebrochen,

11 = schwerer Sturm, zerstörende Wirkungen schwerer Art,

12 = Orkan, verwüstende Wirkungen.

Die letzte Stufe kommt außerhalb der Gebiete tropischer Wirbelstürme nur ausnahmsweise vor. Auch die Stärke 11 ist im Binnenlande selten.

Ist es möglich, eine Windrichtung festzustellen, so darf als Windstärke niemals 0 angegeben werden.

Zwischenstufen wie 3—4, 7—8 sind zu vermeiden.

Zwischen der Beaufortskala und der Windgeschwindigkeit bestehen folgende Beziehungen:

Skala nach Beaufort	Windgeschwindigkeit in m pro Sek.	in km pro Std.
0	0 bis 0.5	0 bis 1
1	0.6 ,, 1.7	2 ,, 6
2	1.8 ,, 3.3	7 ,, 12
3	3.4 ,, 5.2	13 ,, 18
4	5.3 ,, 7.4	19 ,, 26
5	7.5 ,, 9.8	27 ,, 35
6	9.9 ,, 12.4	36 ,, 44
7	12.5 ,, 15.2	45 ,, 54
8	15.3 ,, 18.2	55 ,, 65
9	18.3 ,, 21.5	66 ,, 77
10	21.6 ,, 25.1	78 ,, 90
11	25.2 ,, 29.0	91 ,, 104
12	über 29.0	über 104

Bestimmung der Windstärke nach der Stärketafel. Bei Stationen, die mit einer Windfahne mit Stärketafel ausgerüstet sind, wird die Windstärke nach der Stärketafel bestimmt. Es ist die Nummer des Stiftes am Kreisbogen abzulesen, bis zu dem der Wind die Tafel hebt. Bei böigem Wind, wenn die Tafel stark pendelt, sind die Ausschläge länger zu beobachten und der Stift festzustellen, um den die Tafel pendelt.

Zwischen Stiftnummer, Windgeschwindigkeit und Beaufortskala besteht für eine Tafel von der Größe 15×30 cm und 200 g Gewicht die Beziehung:

Stiftnummer	1	2	3	4	5	6	7	8
Windgeschwindigkeit m/sec.	0	2	4	6	8	11	14	20
Beaufortskala	0	2	3	4	5	6	7	9

Die Stiftnummer entspricht also ungefähr der Windstärke nach Beaufort mit der Ausnahme, daß Stiftnummer 1 Windstille, die Stiftnummer 8 Stärke 9 anzeigt. Von Stiftnummer 2 bis 7 werden die abgelesenen Nummern als Windstärken eingetragen. Hängt die Stärketafel längere Zeit vollkommen still, so ist C, schlägt sie zuweilen aus, ohne die Stiftnummer 2 zu erreichen, so ist Stärke 1 anzugeben. Windstärken über 7 sind zu schätzen.

Außergewöhnliche Windverhältnisse. Außer den Terminen ist in den Zwischenzeiten auf besonders auffallende Vorkommnisse in den Windverhältnissen, wie Böen, Stürme, Wind- und Wasserhosen, Umspringen des Windes usw. zu achten und Zeitpunkt und Zeitdauer zu vermerken. Wind- und Wasserhosen, die sich meist in Form eines Schlauches oder Trichters bemerkbar machen, sind genau zu beschreiben. Es sind besonders Drehungsrichtung, Richtung und Geschwindigkeit des Fortschreitens anzugeben.

V. Bewölkung.

Beobachtet werden Menge und Dichte der Bewölkung. Außerdem wird die Witterung im Augenblick der Beobachtung gekennzeichnet.

Ergänzende Beobachtungen über Wolkengattung und Zugrichtung sind sehr erwünscht.

Menge und Dichte der Bewölkung.

Menge der Bewölkung. Es wird geschätzt, wieviel Zehntel der ganzen Himmelsfläche von Wolken verdeckt werden. Dabei denkt man sich die Wolken zusammengeschoben, so daß sie sich nicht decken, aber auch keine Lücken zwischen sich lassen, und schätzt dann.

Da die Bewölkung am Horizont erfahrungsgemäß stark überschätzt wird, ist die Bewölkung am unteren Drittel des Himmels weniger zu berücksichtigen als die Bewölkung in größerer Höhe bis zum Zenit.

Die Bewölkungsmenge wird nach einer elfstufigen Skala (0 bis 10) angegeben. Es bedeuten:

0 = Wolkenlos.

1 = $^1/_{10}$ des Himmels ist bedeckt.

5 = $^5/_{10}$ oder die Hälfte des Himmels sind bedeckt.

9 = $^9/_{10}$ des Himmels sind bedeckt.

10 = der Himmel ist ganz bedeckt.

Die anderen Stufen sind entsprechend zu bewerten.

Die Bewölkungszahl 0 darf nur gesetzt werden, wenn der Himmel völlig wolkenlos ist.

Die Bewölkungszahl 1 muß auch dann gesetzt werden, wenn auch nur die geringsten Spuren von Wolken am Himmel zu sehen sind, also weit weniger als $^1/_{10}$ des Himmel bedeckt ist.

Die Bewölkungszahl 9 muß auch dann gesetzt werden, wenn weit mehr als $^9/_{10}$ des Himmels bedeckt sind, aber noch ein Stückchen blauen Himmels sichtbar ist.

Die Bewölkungszahl 10 darf nur dann gesetzt werden, wenn der Himmel völlig bedeckt ist, also vom blauen Himmel überhaupt nichts zu sehen ist.

Bei völliger Dunkelheit ist aus der Bedeckung der Sterne durch die Wolken auf den Umfang der Bewölkung zu schließen.

Ist der Beobachter ganz von Nebel umgeben und blauer Himmel über ihm nicht sichtbar, ist die Bewölkungszahl 10 zu notieren. Schimmert bei Nebel über dem Beobachter der blaue Himmel durch, so darf nicht die Bewölkungszahl 10 angenommen werden, sie beträgt 9 oder weniger.

Schnelle Bewölkungswechsel und andere auffällige Bewölkungserscheinungen zwischen den Beobachtungszeiten sind besonders zu vermerken.

Dichte der Bewölkung. Die Dichte wird durch die hochgestellten kleinen Zahlen 0—2 gekennzeichnet. Es bedeuten:

$$
\left.\begin{array}{l}
0 = \text{dünne Wolken} \\
1 = \text{mäßig dichte Wolken} \\
2 = \text{sehr dichte Wolken}
\end{array}\right\} \begin{array}{c} \text{je nachdem, ob die Wolken heller} \\ \text{oder dunkler aussehen.} \end{array}
$$

Zwischenstufen (0—1) sind zu vermeiden; sind Wolken verschiedener Dichte vorhanden, so ist die Zahl zu wählen, die der am meisten vertretenen Dichte entspricht.

Beispiele: 10^0: der Himmel ist mit einem dünnen Wolkenschleier ganz überzogen,
  3^1: etwa ein Drittel des Himmels wird von Wolken mittlerer Dichte eingenommen,
  5^2: schweres, dichtes Gewölk bedeckt den Himmel zur Hälfte.

Höhe der tiefen Wolken.

Wenn die Wolkendecke so tief liegt, daß die Spitzen von Bergen, Kirchtürmen usw. in ihr verschwinden, ist es sehr erwünscht, die Höhe ihrer unteren Grenze anzugeben:

Beispiel: Wolkenhöhe 300 m.

Diese Feststellung hat aber nur dann Zweck, wenn dem Beobachter sichere Höhenmarken zur Verfügung stehen.

Die regelmäßige Bestimmung der Wolkenhöhen, die von einigen Stationen durchgeführt wird, erfolgt nur nach besonderer Unterweisung des Beobachters.

Witterung im Augenblick der Beobachtung.

Werden zur Beobachtungszeit Regen, Schneefall, Hagel, Graupeln, Gewitter, Nebel oder Sonnenschein beobachtet, so ist das für die betr. Erscheinung gültige Zeichen den Bewölkungszahlen hinzuzusetzen. In Betracht kommen die folgenden Zeichen (Näheres darüber s. S. 33):

Regen . . . . . ◎   Gewitter . . . ⌐⊼

Schneefall . . . ✳   Nebel . . . . . ≡

Hagel . . . . . ▲   Sonnenschein . ⊙

Graupeln . . . . △⟁   (d. h. Schatten sind erkennbar)

Das ⊙-Zeichen ist auch bei Bewölkung 0 zu setzen, wenn die Sonne scheint.

Andere Zeichen oder die Stärkebezeichnungen werden an dieser Stelle nicht verwendet.

Für ◎tr. (Regentropfen) ist hier nur ◎ zu setzen, für ✳fl. (Schneeflocken) nur ✳, für ≡trb. (Nebeltreiben) nur ≡.

Beispiele:	Es ist beobachtet worden:	zu notieren ist:
	Bewölkung 8^1 und gleichzeitig Schneefall	8^1✳
	Bewölkung 10^2 und Gewitter mit Regen	10^2⌐⊼◎
	Bewölkung 3^0 mit Sonnenschein	3^0⊙

Zug und Gattung der Wolken.

Regelmäßige Beobachtungen über Wolkengattung (-form) und -zug sind sehr erwünscht, erfordern aber eine Sachkenntnis, die nicht von jedem Beobachter verlangt werden kann und besondere Unterweisung voraussetzt.

Zug der Wolken. Anzugeben ist die Himmelsrichtung, aus der die Wolken kommen. Man beschränke sich dabei auf die Beobachtung der Wolken in der Nähe des Zenits.

Wenn die Bewegung der Wolken als sehr langsam erscheint, blickt man bei ruhig gehaltenem Kopf über einen festen Punkt (Schornstein, Windfahne, Hausecke, auch Baumkrone) hinweg so lange auf einen durch seine besondere Form auffallenden Punkt der Wolken, bis man dessen Bewegung sicher wahrgenommen und damit die Zugrichtung festgestellt hat.

Sind Wolken in verschiedener Höhe zu sehen, so wird die Zugrichtung möglichst für alle Arten unter besonderer Berücksichtigung der oberen Wolken getrennt gegeben.

Wolkengattungen. Man unterscheidet folgende Wolkengattungen:

Hohe Wolken, mittlere Höhe über 6000 m:

1. Cirrus (Ci).
2. Cirrocumulus (Cc).
3. Cirrostratus (Cs).

Wolken mittlerer Höhe, mittlere Höhe zwischen 2000 m und 6000 m:

4. Altocumulus (Ac).
5. Altostratus (As).

Tiefe Wolken, mittlere Höhe unter 2000 m Höhe:

6. Stratocumulus (Sc).
7. Stratus (St)
8. Nimbostratus (Ns).

Wolken mit senkrechter Entwickelung, mittlere Höhe von 500 m bis Cirrushöhe:

9. Cumulus (Cu).
10. Cumulonimbus (Cb).

Im folgenden sind die einzelnen Wolkengattungen beschrieben:

1. **Cirrus (Ci).** Einzelne feine Wolken von faserigem Aussehen ohne eigentlichen Schatten meist von weißer Farbe, oft mit seidenartigem Glanz.

Die Cirruswolken zeigen die verschiedensten Formen, sie treten bald als einzelne Büschel, bald als „Kreidestrich“, bald als Federwolken oder als verschlungene Fäden auf. Oft sind sie in Streifen angeordnet, die in einem oder zwei gegenüberliegenden Punkten am Horizont zusammenzulaufen scheinen und dann als Polarbanden bezeichnet werden.

2. **Cirrocumulus (Cc).** Schicht oder Bank von cirrusartigen Wolken, die aus einzelnen weißen Flocken oder sehr kleinen Bällchen ohne Schatten besteht. Diese sind in Gruppen oder Reihen angeordnet oder in Rippen, wie sie oft der Sand am Meer zeigt.

3. **Cirrostratus (Cs).** Feiner weißer Schleier, der die Umrisse von Sonne und Mond nicht verschwinden läßt, aber Veranlassung zur Bildung von Ringen um Sonne oder Mond gibt; er ist manchmal ganz durchsichtig und verleiht dem blauen Himmel nur ein milchiges Aussehen, bisweilen zeigt er auch eine bestimmte faserige Beschaffenheit wie wirres Fadenwerk.

4. **Altocumulus (Ac).** Schicht oder Bänke aus flachen Ballen oder Walzen. Die kleinsten Teile der Schicht, die noch regelmäßig angeordnet sind, sind ziemlich klein und dünn und haben teilweise Schatten. Die einzelnen Teile ordnen sich oft nach ein oder zwei Richtungen in Gruppen oder Bändern. Sie sind oft so eng gedrängt, daß die Ränder sich vereinigen.

Die Ränder der dünnen durchsichtigen Teile zeigen oft Perlmutterglanz (Irisieren), das für diese Wolkengattung eigentümlich ist.

5. **Altostratus (As).** Faseriger und streifiger Schleier von mehr oder weniger grauer oder bläulicher Farbe. Die Wolke ähnelt einem dicken Cirrostratus, gibt aber zu keinen Sonnen- und Mondringen Veranlassung. Sonne und Mond scheinen undeutlich wie durch ein Mattglas hindurch. Bald ist die Wolke dünn, so daß sie einen Übergang zum Cirrostratus darstellt, bald ist sie so dick und dunkel, daß Sonne und Mond vollständig verschwinden. Man bemerkt an der Unterseite niemals deutliche Höcker, und die ganze Wolkenmasse ist stellenweise faserig oder streifig.

6. **Stratocumulus (Sc).** Schicht oder Bänke aus flachen Schollen oder Ballen bestehend. Die kleinsten noch regelmäßig angeordneten Teile der Schicht sind ziemlich dick, nicht scharf begrenzt und grau mit dunklen Stellen. Die Teile ordnen sich in Gruppen, Bändern oder Vorhängen an, wobei sie oft ein oder zwei Richtungen deutlich erkennen lassen. Oft sind die Ballen so dicht gedrängt, daß die Ränder zusammenlaufen. Wenn sie dann den ganzen Himmel bedecken, so erscheint der Stratocumulus gewellt.

7. **Stratus (St).** Gleichmäßige Wolkenschicht, einem Nebel entsprechend, der nicht auf dem Boden liegt.

8. **Nimbostratus (Ns).** Gleichmäßige tiefe Regenwolken von fast einheitlich dunkelgrauem Aussehen, die aber schwach von innen her beleuchtet aussehen. Fällt Niederschlag, so ist dies anhaltender Regen oder Schnee.

Der Niederschlag allein ist aber kein genügendes Kennzeichen, um zu entscheiden, ob eine Wolkendecke Nimbostratus genannt werden muß, da es auch vorkommt, daß kein Regen oder Schnee aus Nimbostratus fällt.

9. **Cumulus (Cu).** Dicke Wolken mit senkrechter Entwicklung, deren oberer Teil eine Kuppel bildet und mit rundlichen Auswüchsen bedeckt ist, während die Unterseite fast waagerecht ist.

Wenn die Wolke der Sonne gegenübersteht, sind die Flächen glänzender als die Ränder der Auswüchse. Kommt das Licht von der Seite, so zeigen die Cumuluswolken sehr starke Schatten. Vor der Sonne stehend erscheinen sie dunkel mit einem hellen Rand.

Der richtige Cumulus ist oben und unten scharf begrenzt. Man sieht aber andererseits auch Wolken, die einem zerrissenen Cumulus ähneln und ihre Form beständig wechseln. Diese Art von Cumuluswolken bezeichnet man als Fraktocumulus (Frcu).

10. **Cumulonimbus (Cb).** Mächtige Wolkenmassen mit starker senkrechter Entwicklung in Form von Gebirgen oder Türmen zeigen in ihrem oberen Teil faserige Beschaffenheit und breiten sich manchmal in der Form eines Ambosses aus.

Die Unterseite ähnelt einem Nimbostratus. Man beobachtet an ihr im allgemeinen Fallstreifen von Niederschlag. Oft bilden sich unter der Wolke noch andere tiefe zerrissene Wolken (Fraktocumulus).

Die Cumulonimbuswolken verursachen im allgemeinen Regen- oder Schneeschauer, manchmal auch Hagel oder Graupeln und oft auch Gewitter.

Unterarten der Wolkengattungen. Als wichtigste **Unterarten,** die den meisten Wolkengattungen gemeinsam sind, gelten:

Lenticularis (Lent.). Die Wolken erscheinen in Linsenform mit scharfen Rändern und manchmal mit Perlmutterglanz (Irisieren).

Undulatus (Und.). Die Wolken sind aus länglichen, einander parallelen Teilen zusammengesetzt, so daß sie den Wogen des Meeres gleichen. Die Streifenrichtung muß festgestellt werden.

Radiatus (Rad.). Die Wolken bestehen aus parallelen Bändern, die unter dem Eindruck der Perspektive am Horizont zusammenzulaufen scheinen, oder nach zwei gegenüberliegenden Punkten, wenn die Wolken den ganzen Himmel überziehen. Die Feststellung und Angabe der Lage dieser Punkte ist sehr wichtig und erfolgt in derselben Weise wie die Angabe der Windrichtung.

Bestimmung der Wolkengattungen. Der Beobachter stellt zunächst fest, ob es sich um hohe, mittlere, tiefe Wolken oder Wolken mit senkrechter Entwicklung handelt. Auf Grund der Beschreibungen und Abbildungen wird dann die Wolkengattung im einzelnen bestimmt.

Typische Wolkenformen sind ziemlich selten. Gewöhnlich beobachtet man Zwischenformen. Es ist diejenige Wolkengattung zu wählen, der die beobachtete Wolke am meisten nahe kommt.

Treten verschiedene Wolkenformen auf, so sind sie sämtlich anzugeben, wenn möglich unter Angabe des Anteils, den sie zur Gesamtmenge der Bewölkung beitragen.

Diejenigen Stationen, deren Beobachter in der Lage sind, die Form der Wolken anzugeben, erhalten zur näheren Unterweisung besondere Tafeln, auf denen die typischen Wolkenformen abgebildet sind.

VI. Sicht.

Die Sicht wird gekennzeichnet durch die Sichtweite, d. h. die äußerste Entfernung, bis zu der die Gegenstände in horizontaler Richtung unter gewöhnlichen Beleuchtungsverhältnissen noch sichtbar sind.

Skala der Sichtweite. Die Sichtweite wird nach der folgenden Skala angegeben, die sich auf die Sichtbarkeit von ausgewählten Marken in bestimmten Entfernungen bezieht.

Sicht	Nicht mehr sichtbar ist die Marke in einer Entfernung von
0	50 m
1	200 „
2	500 „
3	1 km
4	2 „
5	4 „
6	10 „
7	20 „
8	50 „
9	Sicht über 50 „

Auswahl der Sichtmarken. Die Sichtmarken müssen in den aus der vorstehenden Tabelle ersichtlichen Entfernungen festgelegt werden. Hierbei sind Abweichungen bis zu 10% gestattet. Die Marken sollen möglichst in der Nordrichtung, in jedem Falle aber entgegengesetzt dem Sonnenstande zu den einzelnen Beobachtungsterminen liegen und sich vom Hintergrund gut abheben.

Beobachtung der Sichtweite. Zur Bezeichnung der Sichtweite wird der Wert entsprechend der obigen Skala angegeben.

Beispiel: Marke 10 km nicht mehr sichtbar (Marke 4 km noch sichtbar): Sicht = 6.

Die Sichtmarken müssen bei der Feststellung der Sichtweite wirklich in ihrem Aussehen erkannt werden. Z. B. muß ein Kirchturm noch die Umrisse eines Turmes haben und darf nicht durch einen dunklen Fleck angedeutet sein.

Eine vorübergehende Bedeckung der Sichtmarke, z. B. durch einen Regenschauer, wird nicht berücksichtigt, falls der Schauer nicht auch über die Beobachtungsstelle hinweggeht. Die Sicht ist dann zu bestimmen, wenn das zeitlich begrenzte Sichthindernis verschwunden ist.

Meist können Sichtmarken für größere Entfernungen nicht festgelegt werden. Alsdann wird die zu der weitesten festgelegten Sichtmarke gehörende Zahl mit dem Zeichen > (d. h. größer als) eingetragen.

Beispiel: Sichtmarke in 4 km noch sichtbar. Weitere Sichtmarken nicht vorhanden. } Sicht = > 5.

Fehlen in der Skala eine oder mehrere Marken, so ist an den entsprechenden Stellen die Sichtweite abzuschätzen, je nachdem die letzte Marke mehr oder weniger deutlich sichtbar ist; die Sichtzahl ist dann in Klammern zu setzen.

Beispiel: Sichtmarke 4 km noch sichtbar, aber schwach zu erkennen. Sichtmarke 10 km fehlt. Sichtmarke 20 km vorhanden, aber nicht sichtbar. } Sicht = (6).

Oder: Die Sichtmarke 4 km ist noch sehr deutlich zu erkennen: Sicht = (7).

Bei Dunkelheit kann die Sicht nach brennenden Lampen, deren Entfernung bekannt ist, bestimmt werden. Da aber die so gefundenen Sichtweiten nicht ohne weiteres den Werten bei Tageslicht entsprechen, sind sie in Klammern zu setzen.

Nebel. Die Sicht wird besonders stark beschränkt durch Nebel, dessen Stärke entsprechend der Sicht festgelegt wird. Es ist zu setzen:

<table>
<tr><td>Zeichen</td><td>Nicht mehr sichtbar ist die Marke
in einer Entfernung von</td></tr>
</table>

Starker Nebel	$\equiv^2$	200 m
Mäßiger Nebel	$\equiv^1$	500 m
Schwacher Nebel	$\equiv^0$	1 km

Nähere Erläuterungen für den Gebrauch der Nebelzeichen s. S. 34.
Nebeldunst s. S. 35; Dunst s. S. 37.

VII. Niederschläge.

Niederschlagsmenge.

Als Maß der Niederschlagsmenge gilt die Niederschlagshöhe in Millimetern,
d. i. die Höhe, bis zu der das Regenwasser den Erdboden bedecken würde, wenn
nichts abfließen, versickern oder verdunsten könnte. Der Niederschlagshöhe von
1 mm entspricht eine Regenmenge von 1 Liter auf 1 qm Bodenfläche.

Beschreibung des Meßgeräts (Regenmesser von Hellmann).

Der Regenmesser ist ein zweiteiliger, mit weißer oder Aluminiumfarbe
gestrichener Zylinder aus Zinkblech. Jede Wetterbeobachtungsstelle besitzt
zwei Regenmesser, von denen jeweils nur einer am Pfahl aufgehängt ist. Es
gehören ferner dazu ein Meßglas, ein Blechdeckel und zwei Schneekreuze.
Der Regen wird von dem Auffanggefäß *A* (Abb. 18), das eine von einem
Messingring mit scharfer Kante begrenzte Auffangfläche[1]) von 200 qcm hat, auf-
gefangen und durch den unten eingelöteten Trichter in die Sammelkanne *F*
geleitet, die in dem unteren Behälter *B* steht. Der Schnee bleibt bis zur Messungszeit in dem Auffanggefäß liegen. Im Winter ist bei Schneefall in das Auffanggefäß
ein Schneekreuz *S* zu setzen, damit der Schnee bei starkem Winde nicht wieder

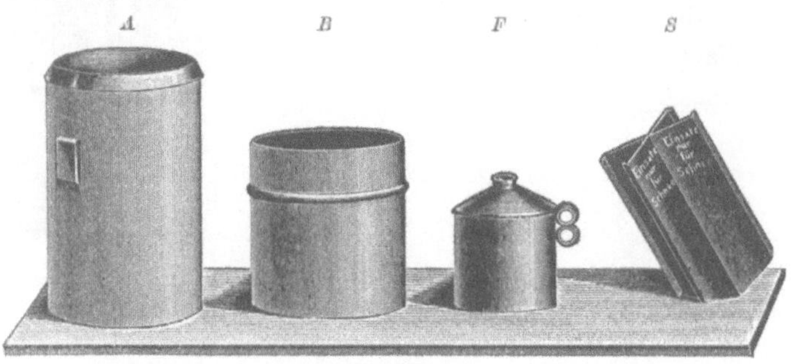

Abb. 18.

hinausgeweht werden kann. Im Sommer darf das Auffanggefäß auf keinen Fall
ein Schneekreuz enthalten; es würde dann geradezu schaden, weil dadurch die
Benetzungsfläche und damit die Verdunstung erheblich vergrößert wird.
Das Meßglas (Abb. 19) ist ein hohes zylindrisches Gefäß, das seitlich mit Teilstrichen versehen ist. Auf der Teilung entspricht der Zwischenraum von einem

---

[1]) An hochgelegenen Stationen reicht der gewöhnlich benutzte Regenmesser bisweilen
nicht zur Aufnahme der Niederschläge aus. Deshalb wird dort ein „Gebirgsregenmesser"
aufgestellt. Dieser hat eine größere Auffangfläche (500 qcm) und daher auch ein anderes
Meßglas. Die Messung mit ihm erfolgt nach besonderer Anweisung.

Teilstrich bis zum nächsten einer Niederschlagshöhe von einem Zehntel = 0.1 mm. Die ganzen Millimeter sind durch längere Striche und durch die Zahlen 1 bis 10 gekennzeichnet.

Das Meßglas soll möglichst im Hause aufbewahrt werden. Bei Bruch des Glases ist sofort Ersatz anzufordern. Es darf nie ein anderes als das gelieferte Meßglas benutzt werden. Nötigenfalls ist das Regenwasser bis zum Eintreffen eines neuen Meßglases in einer Flasche aufzubewahren.

Aufstellung des Regenmessers.

Aufstellungsplatz. Die Aufstellung des Regenmessers soll an einem Orte erfolgen, zu dem der Niederschlag, selbst wenn er bei heftigem Winde schräg fällt, doch noch von allen Seiten ungehinderten Zutritt hat. Ein freier Rasenplatz im Ziergarten, ein Gemüsegarten oder ein geräumiger Hofraum auf nicht abschüssigem Gelände eignet sich dazu am besten.

Gebäude, Mauern, Bäume usw. müssen aber vom Regenmesser mindestens ebensoweit entfernt sein, als sie selbst hoch sind.

Dagegen ist es durchaus nicht zweckmäßig, den Regenmesser auf eine ganz freie Wiese oder aufs freie Feld zu bringen, weil dort der Wind den Regen und Schnee darüber hinwegweht und dann zu wenig gemessen wird. Auf Dächern, hohen Plattformen und dergleichen darf daher der Regenmesser auch nicht aufgestellt werden.

Der Regenmesserpfahl, an dem der Regenmesser aufgehängt wird, soll aus Eichen-, Lärchen- oder auch harzigem Fichtenholz geschnitten, 140 cm lang, 10 cm stark und oben zur Vermeidung von Schneehauben, die in das Auffanggefäß fallen könnten, etwas abgeschrägt sein (Abb. 20). An Stelle der Holzpfähle können auch Betonpfähle benutzt werden.

Aufhängung des Regenmessers. Der Halter, der den Regenmesser trägt, muß am Pfahl so hoch wie möglich befestigt werden. Nach der Anbringung des

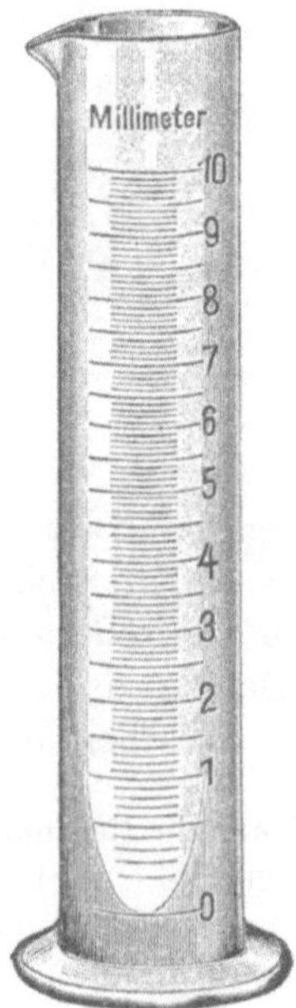

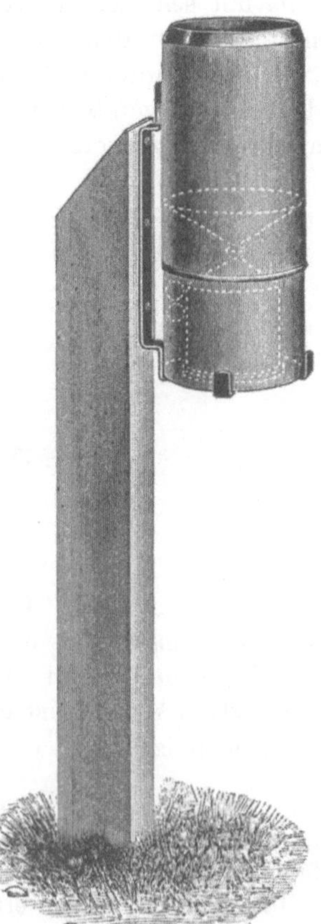

Abb. 19.   Abb. 20.

Halters wird der Regenmesserpfahl so eingegraben, daß der Halter nach Norden zeigt, die Auffangfläche des Regenmessers genau waagerecht liegt und eine Höhe von 1 m über dem Boden hat.

Nur in Gebieten mit hoher Schneelage, wo der Wind Schnee vom Erdboden in das Gefäß wirbeln kann, ist eine größere Höhe von 1.25 bis 1.50 m zweckmäßig.

Ausführung der Messung.

Zeit der Messung. Der Niederschlag wird **täglich regelmäßig** dreimal zu den gewöhnlichen Beobachtungszeiten gegen 7, 14 und 21 Uhr gemessen. Der Regenmesser ist auch dann nachzusehen, wenn es der sonstigen Wahrnehmung nach scheinbar nicht geregnet hat; kleine, namentlich in Sommernächten fallende Mengen, die auf dem Erdboden am Morgen längst verdunstet sind, sowie solche, die von starkem Nebel herrühren, würden sonst der Beachtung des Beobachters und somit der Aufzeichnung ganz entgehen.

Bei starken Regenfällen (Gewitterregen, Wolkenbrüchen usw.), die gewöhnlich nur kurze Zeit andauern, ist es sehr erwünscht, die Messung gleich nach ihrem Aufhören vorzunehmen und das Ergebnis nebst der möglichst auf Minuten genau bestimmten Dauer des Regenfalles besonders zu vermerken. Die bei solcher Teilmessung festgestellte Niederschlagshöhe ist natürlich bei der nächstfolgenden Terminmessung hinzuzufügen.

Niederschlag in Form von Regen. Das Auffanggefäß wird abgenommen, die Sammelkanne herausgehoben und ihr Inhalt vorsichtig in das Meßglas geschüttet. Der Stand des Wassers wird bei lotrechter Stellung des Glases auf zehntel Millimeter genau abgelesen. Man stellt hierzu das Meßglas auf einen Tisch oder hält es zwischen Daumen und Zeigefinger. Auge und Oberfläche des Wassers müssen sich beim Ablesen in gleicher Höhe befinden. Als solche gilt der mittlere tiefste Teil der Wasseroberfläche, nicht aber der an der Glaswand anhaftende etwas höhere Rand.

Bei Niederschlagsmengen über 10 mm ist das Meßglas so oft bis zum 10 mm-Strich zu füllen, bis ein Rest unter 10 mm übrigbleibt.

Beispiel: Das Meßglas wird viermal bis zum 10 mm-Strich gefüllt, der Rest gibt 4.5 mm. Die Niederschlagshöhe ist in diesem Falle = 4 × 10 mm + 4.5 mm = 44.5 mm.

Für die Aufzeichnung ist zu beachten:

0.0 ist zu schreiben, wenn die Niederschlagsmenge noch nicht die Hälfte eines zehntel Millimeters ergibt.

0.0 ist ebenfalls zu schreiben, wenn es der Wahrnehmung nach wohl geregnet hat, aber die Kanne kein Wasser enthält.

Ein Punkt (.) ist zu setzen, wenn Niederschlag überhaupt nicht gefallen ist.

Ein Strich (—) ist zu setzen, wenn ausnahmsweise eine Messung unterblieben ist.

Niederschlag in Form von Schnee, Graupeln, Hagel. Finden sich im Auffanggefäß Niederschläge in fester Form vor, so wird der Regenmesser gegen den zweiten ausgewechselt. Den mit Schnee usw. gefüllten Regenmesser hat man in einen erwärmten Raum, jedoch nicht zu nahe an den Ofen, zu bringen und mit dem Blechdeckel zu bedecken, um Verlust durch Verdunstung zu vermeiden. Nach völliger Schmelzung ist das Schmelzwasser in der oben beschriebenen Weise zu messen.

Wenn tauender Schnee fällt, bleibt häufig auf der Windseite des Regenmessers Schnee haften. Auch Rauhreif kann sich ansetzen. Der Regenmesser wird dann beim Auftauen am besten in ein Waschbecken gestellt; das darin sich sammelnde Wasser soll aber nicht gemessen werden.

Niederschlag von Tau und Nebel. Starke Taubildung sowie nässender Nebel können ebenfalls Wasser in den Regenmesser bringen, doch handelt es sich dabei stets nur um geringe Mengen, die aber nicht der Aufzeichnung entgehen dürfen.

Auswechslung der Kanne in besonderen Fällen. Am Messungstermin ist die Kanne auszuwechseln,

a) wenn nach Regen plötzlich Frost eingetreten und anzunehmen ist, daß das Wasser in der Kanne gefroren ist. Nachdem die Kanne ins warme Zimmer geholt ist, wird mit der Messung gewartet, bis das Eis vollständig geschmolzen ist;

b) wenn es zur Beobachtungszeit stark regnet, damit Verluste vermieden werden und der Beobachter in Ruhe im Hause messen kann.

Schneedecke.

Höhe der Schneedecke.

Die Messung soll angeben, wie hoch (in ganzen Zentimetern) an jedem Morgentermin der Boden mit Schnee bedeckt ist. Man bedient sich dabei eines Schneepegels.

Schneepegel. Zur Messung kann jeder genügend lange mit Zentimetereinteilung versehene Maßstab verwendet werden, wenn nur der Nullpunkt der Teilung mit dem Erdboden in Berührung gebracht werden kann. An einzelnen Stationen wird ein besonderer Schneepegel (Wander- oder Handpegel) benutzt (Abb. 21).

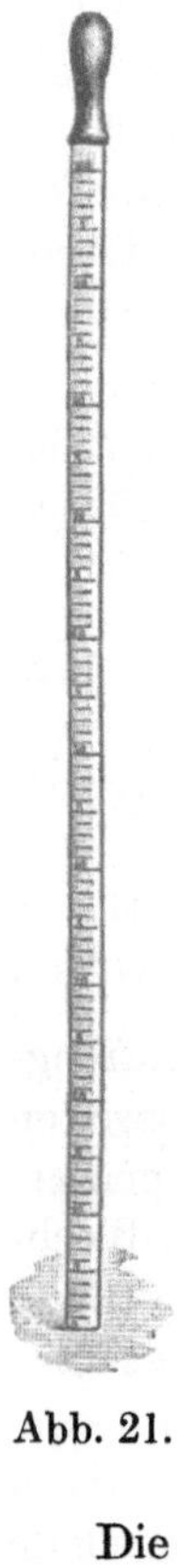

Schneepegel, die fest in der Erde stehen, sind nur in Orten mit sehr hoher Schneelage, wo eine Messung mit dem Handpegel Schwierigkeiten macht, zu verwenden.

Messungszeit. Zum Morgentermin (I) an jedem Tage, an dem eine Schneedecke liegt.

Messung. Die Schneedeckenhöhe ist an mehreren Stellen zu messen, da der Schnee meist nicht gleichmäßig liegt. Auch ist zu beachten, daß der Schneepegel nicht in Vertiefungen (Wagengeleise, Maulwurfsloch) gestoßen wird. Aus den Messungen ist das Mittel zu nehmen. Stellen mit starken Verwehungen sind bei der Messung auszuschließen.

Die Schneedeckenhöhe wird stets in ganzen Zentimetern angegeben.

Bei leichter und nicht mehr geschlossener Schneedecke ist folgendermaßen zu verfahren:

Die Höhe wird mit 0 bezeichnet,

1. wenn die Schneedeckenhöhe kleiner als $\frac{1}{2}$ cm ist,
2. wenn mindestens die Hälfte des Erdbodens in der Umgebung schneefrei ist. Die Angabe, welche Höhen hierbei noch vorkommen, ist erforderlich.

Ist dagegen weniger als die Hälfte des Erdbodens in der Umgebung schneefrei, so ist als Schneehöhe die durchschnittliche Höhe einzusetzen und die Schneedecke als durchbrochen zu bezeichnen.

Abb. 21.

Die Abkürzung Fl. ist zu setzen, wenn einzelne nicht mehr zusammenhängende Schneeflecke vorhanden sind.

Ein Punkt (.) wird gesetzt, oder der Raum für die Eintragung bleibt frei, wenn eine Schneedecke nicht vorhanden ist.

Ergänzungen der Schneedeckenbeobachtungen. In der Spalte „Bemerkungen" sind zu vermerken:

a) die Zeiten für Bildung und Verschwinden der Schneedecke;

b) Höhe der Schneedecke, wenn diese sich erst im Laufe des Tages neu bildet und bis zum nächsten Beobachtungstermine bereits verschwunden ist.

c) Schneereste in Gräben, Wäldern usw.;

d) Schneebedeckung auf benachbarten Bergen, mit Angabe der Höhe der unteren Grenze;

e) Vereisung und starke Verwehungen der Schneedecke.

Die Neuschneehöhe ist möglichst täglich ebenfalls um 7 Uhr an einer von Verwehung freien Stelle, die in einem Umfang von etwa einem Quadratmeter glatt mit Brettern belegt ist, zu messen. Nach der Messung ist der Schnee sauber abzukehren. In vielen Fällen ist es vorteilhafter, einen Tisch von etwa 20 bis 30 cm Höhe zur Messung zu benutzen.

Wassergehalt der Schneedecke.

An einer Auswahl von Wetterbeobachtungsstellen wird der Wassergehalt der Schneedecke bestimmt. Man mißt dabei die durch Verwandlung einer Schneeschicht in Wasser sich ergebende Wasserhöhe in Millimetern. Wird diese Zahl (mm) geteilt durch die vorher festgestellte Schneehöhe (cm), so ergibt sich der Wassergehalt für 1 cm in Millimetern.

Zur Messung des Wassergehalts der Schneedecke dient der Schneeausstecher.

Der Schneeausstecher ist wie der Regenmesser ein zylindrisches Gefäß mit einem Querschnitt von 200 qcm; außen am Mantel ist meist ein Maßstab angebracht, so daß man die Höhe der ausgestochenen Schneedecke messen kann.

Messungszeit. Die Bestimmung des Wassergehalts soll am Montag, Donnerstag und Sonnabend (Samstag) vorgenommen werden, solange eine Schneedecke vorhanden ist, und zwar möglichst zum Morgentermin.

Die Ausführung der Messung (Gesamtschneedecke) (Abb. 22). An einer möglichst gleichmäßig mit Schnee bedeckten Stelle wird der Schneeausstecher senkrecht in den Schnee möglichst bis zum Erdboden gedrückt, die Schneedeckenhöhe abgelesen, die Blechschaufel unter die Öffnung

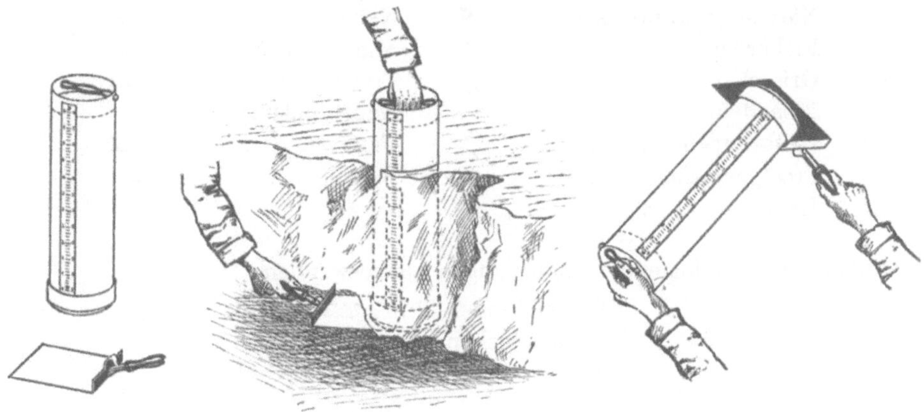

Abb. 22.

geschoben und der Schneeausstecher mit daruntergehaltener Blechschaufel umgedreht. Der Schnee wird wie bei der Bestimmung der vom Schnee herrührenden Niederschlagshöhe unter Verwendung des gleichen Deckels geschmolzen und mit demselben Meßglas gemessen. Stationen, die einen Gebirgsregenmesser haben, dürfen ihr Meßglas hierzu nicht benutzen[1]).

Bei hoher Schneelage wird nach dem Einstoßen des Schneeausstechers seitlich der Schnee weggeschafft, damit man die Schaufel unter den Zylinder schieben kann.

Falls sich in der Schneedecke gefrorene Zwischenschichten finden, die mit dem Ausstecher auf die gewöhnliche Art nicht durchstoßen werden können, muß man versuchen, rings um den eingestoßenen Zylinder mit einem Spaten diese Schicht zu durchbrechen und dann den Ausstecher bis zum Erdboden hinab zu drücken.

In das Tagebuch sind einzutragen der Wassergehalt der Schneedecke für die gesamte Höhe und der Wassergehalt für 1 cm.

Wassergehalt der Neuschneedecke. Die gleiche Messung wie für die Gesamtschneedecke ist für die Neuschneedecke erwünscht. Zu benutzen ist das auf S. 31 beschriebene, für die Bestimmung der Neuschneehöhe dienende Meßfeld. Das Messungsverfahren ist das gleiche wie bei der Gesamtschneedecke.

Form, Stärke und Zeit der Niederschläge.

Während die Beobachtungen an den Instrumenten und also auch die Messungen der Niederschlagshöhen nur an den vorgeschriebenen Terminen stattzufinden haben, soll der Verlauf der Witterung überhaupt soweit als möglich auch zwischen den Terminen beobachtet werden.

Insbesondere sind die Niederschläge nach Form, Stärke und Zeit genauer zu verfolgen.

Form der Niederschläge. Bei der Eintragung hat man sich der folgenden Zeichen zu bedienen, die auf internationaler Vereinbarung beruhen und meist den Erscheinungsformen in der Natur nachgebildet sind:

Regen	●	Schauer.	▽
Schnee	✳	Rauhreif	V
Regen und Schnee . . .	●✳	Rauheis.	V̇
Schneefegen	∔	Glatteis	∽
Schneetreiben	∔	Glatteisdecke am Boden . . .	[∽]
Schneedecke.	⊠	Nebel.	≡
Nieseln (Staubregen) . . .	❟	Nässender Nebel .	≡⁝
Eiskörner	◬	Bodennebel	≡
Griesel	△	Nebeldunst	=
Eisnadeln	↔	Tau	⌓
Reifgraupeln	✳△	Reif	⊔
Frostgraupeln	△		
Hagel	▲		

Außerdem sind folgende Abkürzungen zu verwenden:

Regentropfen	●tr.
Schneeflocken	✳fl.
Nebeltreiben	≡trb.

1) Diese Stationen erhalten zur Bestimmung des Wassergehalts der Schneedecke ein besonderes Meßglas. Verwechslung der Meßgläser ist auf jeden Fall zu vermeiden.

Angabe der Stärke. Die Stärke der Niederschläge wird durch die hochgestellten Stärkeziffern 0 = schwach, 1 = mäßig stark, 2 = stark ausgedrückt.

Beispiele: Starker Regen = ⚫^{2}
schwacher Schnee = ✳^{0}

Zeitangaben. Verwendet wird die durchgehende 24-Stundenzählung. Die
Zeitangaben sind nach Bahnzeit zu machen. Die Uhr ist öfter mit der Zeit-
ansage im Rundfunk zu vergleichen.

Beginn und Ende der Erscheinungen sollen auf 5 Minuten genau, möglichst
aber noch genauer angegeben werden. Aus praktischen Gründen sind besonders
die Zeiten für ⚫ ✳ ✳ 𝄐 ⟁ ▲ ≡, für die Bildung und das Verschwinden
von ⊠ und ⊡ zu erfassen.

Nur wenn es nicht möglich ist, genaue Zeiten festzustellen, wie z. B. meist in
der Nacht, können die folgenden Abkürzungen verwendet werden:

früh	= fr.,
vormittags	= a (Abkürzung vom Lateinischen: ante meridiem),
mittags	= m,
nachmittags	= p (Abkürzung vom Lateinischen: post meridiem),
abends	= abd.,
nachts	= n (bezieht sich auf die vorangegangene Nacht, wenn n allein steht),
frühmorgens	= na,
spätabends	= np,
mit Unterbrechung	= m. U. oder = i (Abkürzung von intermittierend).

Erläuterungen zu den Zeichen für Niederschlag und Nebel.

Um eine einheitliche Auffassung zu gewährleisten, ist beim Gebrauch dieser
Zeichen folgendes zu beachten:

⚫ Regen. Die Regentropfen fallen deutlich sichtbar herunter und sind
größer als die Tropfen beim Nieseln.

✳ Schnee. Er fällt meist in Form von lockeren Flocken, bei größerer Kälte
sind es Eissternchen.

✳ Regen und Schnee fallen gleichzeitig gemischt. Das Zeichen kann auch
für Schnee im tauendem Zustande verwendet werden.

⤙ Schneefegen. Der gefallene Schnee wird durch den Wind am Boden
entlanggetrieben. Schneit es dabei, so ist das Zeichen ✳ besonders zu setzen.

⤙ Schneetreiben. Der Schnee wird durch den Wind emporgewirbelt. Die
Sicht ist geringer als 1 km, und es ist oft schwierig festzustellen, ob dabei Schnee
fällt; wird aber Schneefall beobachtet, so schreibt man ✳⤙.

⊠ Schneedecke. Der Boden ist mit einer Schneedecke bedeckt; sind nur
einzelne Flecken vorhanden, so schreibt man Fl.

𝄐 Nieseln ist ein feiner Regen mit kleinen Tropfen, die fast in der Luft zu
schweben scheinen und selbst leichten Luftbewegungen folgen.

⟁ Eiskörner sind glasharte durchsichtige Eiskügelchen von 1 bis 4 mm
Durchmesser, die auf hartem Boden deutlich hörbar abprallen.

△ **Griesel** besteht aus kleinen graupelähnlichen Körnern, deren Durchmesser kleiner als 1 mm ist. Wenn sie auf harten Boden fallen, prallen sie nicht ab und zerspringen auch nicht. Sie fallen nur in geringen Mengen und bestehen meist aus Eisnadeln oder Schneekristallen, die einen rauhreifartigen Überzug erhalten haben.

↔ **Eisnadeln** treten bei strenger Kälte auf. Sie fallen bei heiterem, ruhigem Frostwetter langsam herab, wobei sie in der Sonne glitzern.

⋇ **Reifgraupeln** sind undurchsichtige Bällchen von schneeartiger Beschaffenheit. Sie sind spröde und leicht zusammendrückbar, prallen zurück, wenn sie auf harten Boden fallen und zerspringen dabei oft. Sie fallen bei Temperaturen um Null und meist zusammen mit Schnee.

△ **Frostgraupeln** sind halb durchsichtig, meist rund, und bestehen aus einem weichen trüben Kern mit einer sehr dünnen Eisschicht darum; sie prallen nicht zurück, zerspringen auch nicht und fallen oft zusammen mit Regen.

▲ **Hagel** besteht aus verschieden geformten Eisstücken, deren Durchmesser zwischen 5 und 50 mm schwanken kann. Sie sind entweder mattdurchsichtig oder aus durchsichtigen und trüben Schichten zusammengesetzt.

▽ **Schauer** sind Niederschläge, die plötzlich einsetzen und aufhören und ihre Stärke sehr schnell ändern. Es wechseln dabei schnell dunkle, drohende Wolken mit helleren oder auch mit Aufklaren; der Himmel erscheint dann intensiv blau.

Das Zeichen wird gewöhnlich zusammen gesetzt mit ⦾ und ⋇ in den Formen ⦾̌ ⋇̌.

⌒ **Tau** besteht aus Wassertröpfchen, die sich durch Kondensation infolge von Abkühlung durch nächtliche Ausstrahlung an Gegenständen in der Nähe des Bodens absetzen.

⊔ **Reif** bildet sich in derselben Weise wie Tau durch Ausscheiden von Eiskristallen bei nächtlicher Abkühlung unter 0 Grad.

∨ **Rauhreif** ist der reifartige Ansatz von Eiskristallen, der sich bei Nebel besonders an senkrechten Flächen, an den Zweigen der Bäume, an Ecken und Kanten von Gebäuden bildet. Besonders dick und reifähnlich ist der Ansatz auf der Windseite.

∨̣ **Rauheis**, auch Rauhfrost genannt, bildet sich wie Rauhreif und hat die Beschaffenheit der Frostgraupeln, hat also einen Eisüberzug.

∞ **Glatteis** ist ein glatter eisförmiger Überzug sowohl an senkrechten wie an waagerechten Flächen.

⊡ **Glatteisdecke am Boden.** Sie entsteht aus unterkühltem Regen oder dadurch, daß Regen auf gefrorenen Boden fällt und dort sofort gefriert.

Falsch ist es, festgetretenen und vereisten Schnee, gefrorenes Tauwasser, gefrorene Regenwasserpfützen als Glatteis zu bezeichnen. Solche Erscheinungen werden besonders vermerkt.

≡ **Nebel.** Die Sicht ist geringer als 1 km. Es bedeuten:

≡² **Starker Nebel:** Sichtmarke in 200 m nicht mehr sichtbar.

≡¹ **Mäßig starker Nebel:** Sichtmarke in 200 m noch sichtbar, in 500 m nicht mehr sichtbar.

≡⁰ **Schwacher Nebel:** Sichtmarke in 500 m noch sichtbar, in 1000 m nicht mehr sichtbar.

≡⋮ **Nässender Nebel** scheidet Wasser aus. Die Stärkezahl bei nässendem Nebel bezieht sich auf die Sichtweite wie oben; es bedeutet also:

≡⋮² **Starker Nebel** mit Wasserausscheidung und Sicht unter 200 m.

≡ Bodennebel. Der Nebel reicht etwa mannshoch.

= Nebeldunst. Die Sicht ist 1 km oder größer, der Nebeldunst ist im Gegensatz zum Dunst (S. 37) von grauer Farbe.

Erläuterungen zu den Abkürzungen.

⦿tr. = Regentropfen. Vereinzelte Regentropfen.

✳fl. = Schneeflocken. Vereinzelte Schneeflocken.

≡trb. = Nebeltreiben. Der Nebel wird in Fetzen an dem Beobachter vorbeigetrieben. Die Sicht wird nach oben oder unten für Augenblicke frei. Die Erscheinung tritt fast nur auf Bergen auf.

VIII. Elektrische Erscheinungen.

Gewitter.

Als Gewitter bezeichnen wir jede elektrische Erscheinung mit Blitz und Donner oder auch Donner allein, da der Blitz manchmal nicht gesehen wird. Maßgebend für ein Gewitter ist jedenfalls, daß wenigstens ein Donner gehört wurde.

Zieht das Gewitter über die Beobachtungsstelle, so ist das Zeichen ⚡ zu verwenden; zieht das Gewitter aber nicht über die Beobachtungsstelle, oder ist nur Donner hörbar, so ist das Zeichen (⚡) zu verwenden.

Stärke. Die Stärke des Gewitters wird durch hochgestellte Zahlen als schwach ⚡^{0}, mäßig ⚡^{1}, stark ⚡^{2} bezeichnet.

Zeitangaben. Der Beobachter hat Beginn und Ende des Gewitters zu notieren. Der Beginn des Gewitters ist der Zeitpunkt des ersten Donners, der auf die Minute genau anzugeben ist; für das Ende, das mit dem letzten Donner zusammenfällt, genügt eine Genauigkeit von $\frac{1}{4}$ Stunde. Wenn es bei einem Gewitter, das über die Beobachtungsstelle zieht, möglich ist, die Zeit der größten Nähe festzustellen, ist diese Zeitangabe ohne weitere Zusätze einfach zwischen die Zeiten für Beginn und Ende zu setzen.

Tritt eine Gewitterbö ein, so ist ebenfalls die Zeit, aber auch die Richtung und Stärke der Bö nach der auf S. 19 u. 20 angegebenen Skala zu notieren.

Zugrichtung. Die Richtung, aus der das Gewitter kommt und nach der es abzieht, ist stets in der aus den Beispielen ersichtlichen Weise zu vermerken.

1. Beispiel: Ein schweres Gewitter kam aus SW, ging über die Beobachtungsstelle hinweg und zog nach NE ab. Der erste Donner war hörbar um 16^{54} Uhr, der letzte gegen $18^1/_4$ Uhr. Das Gewitter war am nächsten um $17^1/_2$ Uhr. Die Aufzeichnung lautet: ⚡^{2} SW—NE 16^{54}—$17^1/_2$—$18^1/_4$.

2. Beispiel: Ein mäßig starkes Gewitter zog von W im S der Beobachtungsstelle vorbei nach SE, also nicht über die Beobachtungsstelle hinweg. Der erste Donner war um 21^{37} Uhr hörbar, der letzte gegen $22^1/_2$ Uhr. Dabei wurde eine Gewitterbö beobachtet. Die Aufzeichnung lautet: (⚡^{1}) W—S—SE 21^{37}—$22^1/_2$, Bö 21^{40} NW 6.

Wetterleuchten.

Beim Wetterleuchten sind nur Blitze oder von ihnen herrührende Lichterscheinungen sichtbar; es ist aber kein Donner hörbar. Beim Auf- und Abzug eines Gewitters werden zeitweise Blitze beobachtet, ohne daß Donner zu hören ist; diese Blitze sind nicht als Wetterleuchten zu notieren.

Die Himmelsrichtung, in der das Wetterleuchten sichtbar ist, soll angegeben werden. Ebenso sind Beginn und Ende aufzuzeichnen. Das Zeichen für Wetterleuchten ist ⛝.

St. Elmsfeuer.

Das Elmsfeuer ist eine Ausströmung von Elektrizität, die sich an Blitzableitern, Dachfirsten, Bäumen, Mastspitzen usw. in Büschelform oder als Glimmlicht zeigt. Längliche Büschel, die auf deutlich ausgebildetem rötlichweißem Stiel sitzen, deuten auf positive Elektrizität hin, während das Ausströmen der negativen Elektrizität in Glimmlicht, in stiellosen kleinen Lichtkelchen erfolgt. Auf Bergen und auf dem Meere kommt das Elmsfeuer öfter, im Tiefland nur selten vor.

Nordlicht.

Das Nordlicht ⌒ erscheint am Nordhorizont in mannigfachster Form, meist als Bogen, von dem Strahlen nach dem Zenit hin ausgehen, oder als Bänder vorhangartig ausgebreitet. Die Farbe ist gelblichgrau bis rötlich.

IX. Optische Erscheinungen.

Außer den schon besprochenen Beobachtungen hat der Beobachter auch noch anderen Erscheinungen in der Lufthülle seine Aufmerksamkeit zu schenken. Hierzu gehören die oft sehr schönen Lichterscheinungen und auch die Trübungen der Luft, die ihre Durchsichtigkeit mehr oder weniger stark beeinflussen. Die wichtigsten sind hier kurz beschrieben. Das bei ihrer Notierung zu verwendende Zeichen ist dem Namen der Erscheinung vorangesetzt.

⊕ **Sonnenring** (Abb. 23). Durch Brechung und Spiegelung an den aus Eiskristallen bestehenden Teilchen der höheren Wolken entstehen mitunter leuchtende Ringe mit einem Radius von $22^0 R_1$, in dessen Mittelpunkt die Sonne steht. Seltener tritt noch ein weiterer Ring mit einem Radius von $45^0 R_2$ auf. Die Ringe sind farbig, innen rötlich und scharf abgegrenzt, außen verwaschen. Um die Ringe besser beobachten zu können, deckt man mit der Hand die Sonne ab.

Außer den beiden Ringen, die dem Beobachter als Kreis erscheinen, treten auch Ringe auf, bei denen die Ringfläche in der Blickrichtung liegt, so daß sie dem Beobachter nur als gerade Linien erkennbar sind. Es sind der Horizontalkreis H und ein Vertikalkreis, von denen meist nur der über der Sonne liegende Teil sichtbar ist. Dieser wird als Lichtsäule L bezeichnet. Mitunter erscheinen Teile von Kreisen, die

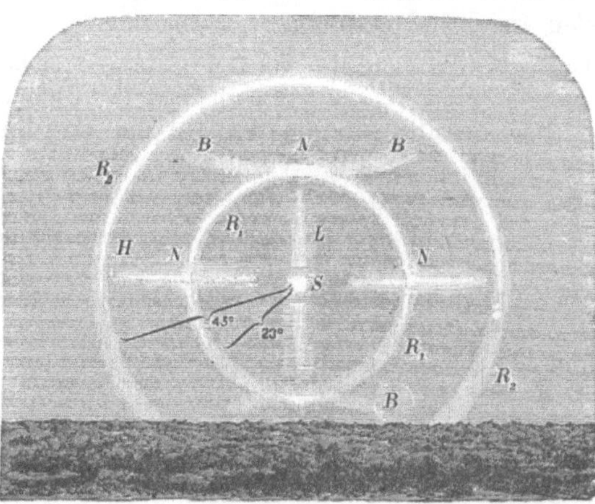

Abb. 23.

den Ring von 22⁰ Radius oben und unten berühren. Sie werden als Berührungsbogen *B* bezeichnet. Die hellen Flecke, die da entstehen, wo die Berührungsbogen
den Ring von 22⁰ berühren, bzw. wo die Lichtsäule ihn schneidet und wo der
Horizontalkreis den Ring schneidet, werden als Nebensonnen *N* bezeichnet.

⊙ **Sonnenhof.** Hof nennt man den durch Beugung der Lichtstrahlen an den
Wolkenteilchen hervorgerufenen, eine Kreisfläche erfüllenden Lichtschein, dessen
Durchmesser von schwankender Größe ist, aber meist nur einige Sonnen- oder
Monddurchmesser beträgt; sein inneres Feld ist bläulich-weiß, sein Außenrand
rot. Gelegentlich schließen sich daran noch farbige Kreise.

▽ **Mondring.** Beim Mond treten ähnliche Ringe wie bei der Sonne auf.

⋃ **Mondhof** ist die dem Sonnenhof entsprechende Erscheinung.

⌒ **Regenbogen.** Der Regenbogen ist ein farbiger Bogen, der sich bei vollem
Sonnenschein auf den der Sonne gegenüberliegenden Regenwolken und Regen-
streifen zeigt. Er ist innen violett, außen rot. Außer dem Hauptregenbogen von
41⁰ Radius tritt häufig noch ein zweiter schwächerer Nebenregenbogen mit
einem um 12⁰ größeren Radius und umgekehrter Farbenfolge auf. An den Haupt-
und auch an den Nebenregenbogen schließen sich mitunter noch weitere Regen-
bögen an. Die sehr seltenen Mondregenbogen erscheinen nur grauweiß.

∞ **Dunst** ist eine Trübung der Luft durch feine feste Teilchen. Es handelt
sich meist um Staub von Verbrennung und anderen chemischen Vorgängen, aber
auch um Salzteilchen vom Meer. Die Teilchen sind so klein, daß sie vom Auge
nicht wahrzunehmen sind. Der Dunst liegt wie ein Schleier über der Landschaft,
blau bei dunklem, gelb bis orange bei hellem Hintergrund.

◇ **Ungewöhnliche Fernsicht.** Die Luft hat eine ungewöhnliche Klarheit und
Durchsichtigkeit. Ferne Gegenstände sind in voller Deutlichkeit auf dem Hintergrund in Umrissen und Einzelheiten zu erkennen.

⋈ **Luftspiegelung.** Bei einer Luftspiegelung sieht man die Gegenstände doppelt
oder mehrfach. Die Luftspiegelung zeigt sich (wenn Luftschichten von sehr verschiedener Temperatur sich berühren) über oder unter dem Gegenstand, bei bestimmten Bedingungen auch seitlich. Die Bilder können aufrecht oder auf dem
Kopf stehen.

X. Zustand des Erdbodens.

Skala für den Erdbodenzustand. Es ist erwünscht, zu den Beobachtungszeiten
möglichst am Beobachtungsplatz den Zustand des Erdbodens nach der folgenden
Skala zu bestimmen und regelmäßig aufzuzeichnen.

Verzifferung des Bodenzustandes (gültig vom 1. 1. 37):

0 = trocken,	6 = mit schmelzendem Schnee bedeckt,
1 = feucht,	7 = nicht gefroren, aber mit Schnee von
2 = überschwemmt,	weniger als 15 cm Höhe bedeckt,
3 = gefroren, hart und trocken,	8 = gefroren und mit Schnee von
4 = teilweise mit Schnee oder Hagel	weniger als 15 cm Höhe bedeckt,
bedeckt,	9 = mit Schnee von mehr als 15 cm
5 = mit Eis oder Glatteis bedeckt,	Höhe bedeckt.

Die Feststellungen für die Zustände 0, 1, 3 sollen an einem Platz gemacht
werden, der frei von Vegetation ist und aus derselben Bodenart besteht, wie sie

sich allgemein in der Umgebung der Beobachtungsstelle findet. Für die Feststellungen der Zustände 2, 4 bis 9 wird auch der Boden in der Umgebung der Beobachtungsstelle in Betracht gezogen.

Da der Zustand der Straßen unter dem Einfluß des Verkehrs öfter anders ist als der Zustand des unberührten Erdbodens, sind auch darüber besondere Angaben erwünscht. Im wesentlichen können sich diese Bemerkungen an die eben gegebenen Erläuterungen der Skala anschließen, doch können auch noch andere Verhältnisse dabei auftreten, wie z. B. Schneeglätte (mit festgefahrenem oder festgetretenem Schnee bedeckt), oder: gefrorene Pfützen auf den Straßen.

Für Gutachten bei Verkehrsunfällen sind diese Angaben von größter Wichtigkeit.

XI. Sonderdienste.

Die Beobachter des Klimadienstes können auf Grund besonderer Anordnung auch zur Mitarbeit bei Sonderdiensten, wie synoptischer Meldedienst, phänologischer Dienst und Kurortklimadienst, herangezogen werden.

Die Durchführung der damit verbundenen Beobachtungen und Meldungen erfolgt nach besonderer Anweisung.

C. Eintragungen der Beobachtungen in das Tagebuch.

Allgemeine Anweisungen.

Zur Eintragung ist ein gewöhnlicher Bleistift, nicht Tinte oder ein färbender Bleistift zu verwenden, da sonst bei Regenwetter die Schrift leicht verwischt werden kann.

Die erste Seite des Tagebuches (Titelseite) ist vollständig auszufüllen, insbesondere sind auch stets die Korrektionen der Instrumente einzutragen. Hinweise wie: Siehe vorigen Monat u. dgl. genügen nicht.

Wechselt während des Monats der Beobachter, wird die Beobachtungsstelle verlegt, werden Instrumente ausgetauscht oder die Korrektionen geändert, so muß dies gleichfalls auf der ersten Seite vermerkt werden.

Ist nicht genau zur vorgeschriebenen Zeit beobachtet worden, so ist die Beobachtungszeit auf den Rand neben die für die Beobachtung vorgesehene Zeile zu schreiben. Fällt eine Beobachtung ganz aus, so ist unter „Bemerkungen" darauf hinzuweisen.

Die Unterschrift des Beobachters muß jedem Beobachtungstermin beigefügt werden, weil oft nur dadurch Zweifel behoben und Irrtümer berichtigt werden können. Eine Abkürzung des Namens ist gestattet, wenn daraus zweifelsfrei hervorgeht, wer beobachtet hat.

Die leeren Blätter am Ende des Tagebuches dienen der Eintragung besonderer Beobachtungen. Hier finden auch die Beschreibungen auffallender Witterungsereignisse, ferner auch Angaben über Saat- und Ernteverhältnisse u. dgl. ihren Platz.

Als Muster sind in der Anlage der Anleitung je ein Tagebuchblatt für Beobachtungsstellen II. Ordnung und III. Ordnung beigegeben. Auf einer Tafel, die zum Aufhängen hergerichtet ist, sind alle bei der Aufzeichnung der Witterung in Betracht kommenden international vereinbarten Zeichen aufgeführt.

Die Luftdruckwerte.

Eintragung der Beobachtungen. In die Spalte „Thermometer am Barometer" wird die auf ein zehntel Grad genau bestimmte Temperatur des Thermometers am Barometer, in die Spalte „Ablesung" wird der am Barometer wirklich abgelesene Wert eingesetzt.

Ergibt die Ablesung zufällig ganze Millimeter, ist in der ersten Dezimale eine 0 hinzuzufügen, da sonst Zweifel entstehen können, ob auf Zehntel genau abgelesen worden ist. Ein Strich darf an Stelle der 0 nicht gesetzt werden. Es heißt also 762.0, nicht 762 oder 762.—. Zur Vereinfachung wird, wenn die Luftdruckwerte denselben Hunderter haben, dieser fortgelassen.

Umrechnung (Reduktion) auf 0°. Da der wirklich abgelesene Barometerstand von der Temperatur des Quecksilbers abhängig ist, und daher Barometerstände bei verschiedenen Temperaturen sich nicht unmittelbar vergleichen lassen, muß man alle Barometerstände auf die gleiche Temperatur (0°) beziehen, d. h. man rechnet die Höhe aus, die die Quecksilbersäule bei 0° haben würde.

Diese Umrechnung wird mit besonders dafür berechneten Tafeln durchgeführt, die den Beobachtern bei der Einweisung in den Beobachtungsdienst übergeben wird. Ihre Benutzung wird an folgenden Beispielen erläutert:

1. Beispiel: Es ist abgelesen:
Thermometer am Barometer 10,6°. Ablesung des Barometers 753,3 mm. Die Werte werden auf 11° (volle Grad) bzw. 750 mm (Zehner der Millimeter) abgerundet. Verfolgt man auf der Tafel die Zeile hinter 11° bis zur Spalte unter 750 mm, so steht dort der gesuchte Wert —1.3, um den der abgelesene Wert 753.3 geändert werden muß. Der umgerechnete Wert ergibt sich zu 753.3 — 1.3 = 752.0. Dieser wird in die Spalte „umgerechnet auf 0°" eingetragen.

2. Beispiel: Es ist abgelesen:
Thermometer am Barometer —3.6°, Ablesung des Barometers 768.4 mm. Die Werte werden auf —4° bzw. 770 mm abgerundet. Verfolgt man die Zeile hinter —4° bis zur Spalte unter 770 mm, so steht dort der gesuchte Wert +0.5 mm, um den der abgelesene Wert 768.4 geändert werden muß. Der umgerechnete Wert ergibt sich zu 768.4 + 0.5 = 768.9.

Instrumental- und Schwerekorrektion. Da der Barometerstand von der Schwerebeschleunigung, die sich mit der geographischen Breite und der Höhe über dem Meeresspiegel ändert, abhängig ist, rechnet man ihn einheitlich auf die Schwere in 45° geographischer Breite und im Meeresspiegel um. Den sich hieraus ergebenden Korrektionsbetrag verbindet man mit dem durch Fehler des Barometers bedingten Verbesserungswert zur „Instrumental- und Schwerekorrektion". Sie wird dem Beobachter mitgeteilt.

Beispiel: Instrumental- und Schwerekorrektion +0.4 mm, Barometerstand auf 0° umgerechnet 752.0. Der „korrigierte" Wert ist also 752.4. Er wird in die Spalte „korrigiert (Instrumental- und Schwerekorrektion)" eingetragen.

Es ist möglich, daß die Instrumental- und Schwerekorrektion für verschiedene Luftdruckwerte verschieden ist. Dies ist in dem folgenden Beispiel berücksichtigt.

Beispiel: Instrumental- und Schwerekorrektion —0.3 über 750 mm, —0.4 unter 750 mm. Ein auf 0° reduzierter Barometerstand von 765.5 mm wird also um —0.3 zu 765.2, ein Barometerstand von 749.7 dagegen um —0.4 zu 749.3 verbessert.

Umrechnung auf den Meeresspiegel. Falls der auf 0° umgerechnete und um den Betrag der Instrumental- und Schwerekorrektion verbesserte Luftdruckwert noch auf den Meeresspiegel (Normal-Null) umgerechnet werden soll, erhält der Beobachter besondere Anweisung.

Bildung des Tagesmittels. Die drei täglichen Beobachtungswerte der Spalte „korrigiert" werden zusammengezählt, die Summe wird darauf durch 3 geteilt. Das Tagesmittel wird also nach der Formel $\dfrac{I + II + III}{3}$ gebildet. Das Tagesmittel wird auf zehntel Millimeter genau berechnet. Die Hunderter können meist bei der Berechnung außer acht gelassen werden (s. o.).

Beispiel: Barometerstand Korrigiert (Instrumental- u. Schwerekorrektion)

I 761.5   II 54.9   III 49.5

Die Summe I + II + III ohne Berücksichtigung der Hunderter ist 165.9. Wird diese Zahl durch 3 geteilt, so ergibt sich als Tagesmittel 55.3.

Die Temperaturwerte.

Eintragung der Temperaturwerte. Die abgelesenen Temperaturwerte sind im Tagebuch in die Spalte „Ablesung" einzutragen. Hierbei darf die Ziffer 0 nie weggelassen oder durch einen Strich ersetzt werden.

Beispiel: es heißt 0.5⁰ aber nicht —.5⁰,
es heißt 5.0⁰ aber nicht 5.—⁰ oder 5⁰.

Temperaturwerte unter Null erhalten stets das Minuszeichen, z. B. —4.0⁰, lies „minus 4.0⁰" oder „4.0⁰ unter Null". Bei Temperaturwerten über Null wird das Vorzeichen plus (+) fortgelassen.

Instrumentalkorrektion. Da die Thermometer meist nicht genau die wahre Temperatur anzeigen, weil sie mit kleinen Fehlern behaftet sind, müssen die abgelesenen Temperaturwerte korrigiert werden. Der Betrag der Korrektion wird für jedes Thermometer mitgeteilt. Eine Korrektion mit dem Vorzeichen + bedeutet, daß der am Thermometer abgelesene Wert um den Betrag der Korrektion zu erhöhen ist, eine Korrektion mit dem Vorzeichen —, daß der abgelesene Wert um den Betrag der Korrektion zu erniedrigen ist. Die korrigierten Werte sind in die Spalte „korrigiert" einzutragen.

Beispiel 1: Ablesung: 15.3⁰.
Korrektion +0.2.
Der korrigierte Wert ist 15.5⁰.
Beispiel 2: Ablesung: 4.8⁰,
Korrektion —0.1.
Der abgelesene Wert 4.8 muß um 0.1 vermindert werden.
Der korrigierte Wert ist 4.7.
Beispiel 3: Ablesung: —5.3⁰,
Korrektion +0.2.
Die Ablesung ist in diesem Falle um 0.2⁰ zu erhöhen.
Der korrigierte Wert ist —5.1⁰.
Beispiel 4: Ablesung: —2.3⁰,
Korrektion —0.1.
Die Ablesung ist in diesem Falle um 0.1 zu erniedrigen.
Der korrigierte Wert ist —2.4⁰.

Mitunter haben die Thermometer für verschiedene Temperaturen auch verschiedene Korrektionen. Das folgende Beispiel erläutert, wie in diesem Falle zu verfahren ist.

Beispiel 5: Ablesung 10.1⁰,
Korrektion —0.2 unter 15⁰, —0.3 über 15⁰.
Da die Temperatur 10.1⁰ unter 15⁰ liegt, beträgt die Korrektion —0.2.
Der „korrigierte" Wert ist demnach 9.9⁰.
Ist dagegen die Ablesung 15.5⁰, so beträgt die Korrektion —0.3 und der korrigierte Wert ist 15.2⁰.

Hat das Thermometer keinen Fehler, ist also die Korrektion 0.0, so muß in die Spalte „korrigiert" derselbe Wert wie in die Spalte „Ablesung" noch einmal eingetragen werden.

Beispiel 6: Ablesung —5.8⁰.
Korrektion 0.0.
In die Spalte „korrigiert" wird ebenfalls —5.8 eingetragen.

Berechnung des Tagesmittels. Die drei korrigierten Terminbeobachtungswerte werden zusammengezählt, wobei aber der Abendwert doppelt zu nehmen ist. Die Summe ist dann durch 4 zu teilen. Die Formel zur Berechnung des Tagesmittels lautet also $\dfrac{I+II+III+III}{4}$.

Das Tagesmittel wird auf zehntel Grad genau berechnet.

Beispiel:

	korrigierte Ablesungen
I	14.2⁰
II	21.5⁰
III	16.0⁰

Die zur Bildung des Tagesmittels erforderliche Summe (I+II+III+III) ist also = 14.2 + 21.5 + 16.0 + 16.0 = 67.7. Durch 4 geteilt ergibt dies ein Tagesmittel von 16.9⁰.

Sind bei der Summenbildung nur negative Zahlen zu addieren, so werden sie wie Temperaturen über Null Grad behandelt. Summe und Tagesmittel erhalten aber das Minuszeichen (—).

Beispiel:

	korrigierte Ablesungen
I	—7.5⁰
II	—0.3⁰
III	—2.7⁰

Die zur Bildung des Tagesmittels erforderliche Summe (I+II+III+III) ist also = —7.5, —0,3, —2.7, —2.7 = —13.2.
Durch 4 geteilt ergibt dies ein Tagesmittel von —3.3.

Sind Temperaturwerte mit verschiedenen Vorzeichen, also positive (+) und negative (—) Werte, zu addieren, so sind die Zahlen mit dem Vorzeichen + für sich und diejenigen mit dem Vorzeichen — ebenfalls für sich zusammenzuzählen. Die kleinere Summe wird dann von der größeren abgezogen, und der Rest erhält das Vorzeichen der größeren Summe.

Beispiel 1: Es liegen die folgenden korrigierten Ablesungen vor:

I	4.5⁰
II	0.4⁰
III	—2.1⁰

Die Summe der positiven Werte ist 4.9, die der negativen —4.2.
Die Differenz beider Summen ist 0.7, und zwar positiv.
Das Tagesmittel = 0.2.

Beispiel 2:

	korrigierte Ablesungen
I	—5.4⁰
II	—0.3⁰
III	0.4⁰

Die Summe der positiven Zahlen ist 0.8, die der negativen Zahlen —5.7.
Die größere der Zahlen, wenn man von dem Vorzeichen absieht, ist 5.7.
Man zieht 0.8 von 5.7 ab, erhält 4.9 und gibt, entsprechend dem Vorzeichen der größeren Summe, auch dem Rest das Minuszeichen, d. h. —4.9.
Der durch 4 geteilte Wert ergibt das Tagesmittel = —1.2.

Berücksichtigung der zweiten Dezimalstelle. Bei der Teilung der Summe durch 4 wird die Abrundung der ersten Dezimale wie allgemein üblich vorgenommen; ist aber die zweite Dezimalstelle eine 5, so ist die erste Dezimalstelle stets auf eine gerade Zahl abzurunden.

Beispiele:

$$0.6 : 4 = \quad 0.15 \text{ abgerundet auf} \quad 0.2$$
$$1.0 : 4 = \quad 0.25 \qquad \text{„} \qquad \text{„} \qquad 0.2$$
$$-1.4 : 4 = -0.35 \qquad \text{„} \qquad \text{„} \quad -0.4$$
$$-1.8 : 4 = -0.45 \qquad \text{„} \qquad \text{„} \quad -0.4$$

Berechnung der Tagesschwankung. Der Unterschied zwischen der höchsten und niedrigsten Temperatur ist die Tagesschwankung. Für die Berechnung werden nur die korrigierten Temperaturwerte verwendet. Das Ergebnis erhält kein Vorzeichen.

Liegen der höchste und der tiefste Temperaturwert über Null, wird die kleinere Zahl von der größeren abgezogen.

Beispiel: Maximumthermometer korrigiert 16.0
Minimumthermometer korrigiert. 5.3
Tagesschwankung . . . . 16.0 — 5.3 = 10.7

Liegt der höchste Wert über, der tiefste unter Null, so werden beide Zahlen ohne Berücksichtigung des Vorzeichens zusammengezählt.

Beispiel: Maximumthermometer korrigiert 8.7
Minimumthermometer korrigiert. . . . .—3.2
Tagesschwankung . . . . 8.7 + 3.2 = 11.9

Liegen beide Werte unter Null Grad, so wird ohne Berücksichtigung des Vorzeichens die kleinere Zahl von der größeren abgezogen.

Beispiel: Maximumthermometer korrigiert . . . . —0.9
Minimumthermometer korrigiert. . . . . —8.4
Tagesschwankung . . . . 8.4 — 0.9 = 7.5

Die Feuchtigkeitswerte.

Berechnung der Feuchtigkeitswerte. Der Dampfdruck und die relative Feuchtigkeit werden aus den korrigierten Werten des trockenen und des feuchten Thermometers mit Hilfe der Aspirationspsychrometertafeln bestimmt. In der Einleitung zu den Tafeln finden sich die erforderlichen Erläuterungen und Anweisungen.

Das Tagesmittel. Für die Berechnung des Tagesmittels werden die drei Terminwerte zusammengezählt, die Summe durch 3 geteilt.

Das Tagesmittel wird also nach der Formel $\dfrac{\mathrm{I} + \mathrm{II} + \mathrm{III}}{3}$ berechnet.

Das Tagesmittel des Dampfdrucks wird auf zehntel Millimeter, das der relativen Feuchtigkeit auf ganze Prozente genau berechnet.

Beispiel 1: Dampfdruck.   I   3.7 mm   II   4.8 mm   III   6.3 mm
Die Summe I + II + III ist 14.8 mm. Wird diese Zahl durch 3 geteilt, so ergibt sich das Tagesmittel 4.9 mm.

Beispiel 2: relative Feuchtigkeit.   I   79 %   II   69 %   III   82 %
Die Summe I + II + III ist 230 %. Wird diese Zahl durch 3 geteilt, so ergibt sich das Tagesmittel 77 %.

Die Beobachtungen des Windes.

Eintragung der Windrichtung und Geschwindigkeit. Die Windrichtung wird in Buchstabenkürzungen (s. S. 19) angegeben. Eine Verschlüsselung ist nur auf besondere Anordnung vorzunehmen.

An der vorgeschriebenen Stelle des Tagebuches ist stets nur die geschätzte Windstärke nach Beaufort einzutragen. Ist der Beobachter in der Lage, noch die Geschwindigkeit mit einem Anemometer in m/sec zu bestimmen, so ist dies gesondert zu notieren.

Eine mittlere Windrichtung für den Tag wird nicht berechnet.

Die Beobachtungen der Bewölkung.

Eintragung und Berechnung der Bewölkung. Den Bewölkungszahlen 1—10 ist stets die Dichte der Wolken (0—2) als hochgestellte Zahl hinzuzufügen, ferner das Zeichen, das den Charakter der Witterung im Augenblick der Bewölkungsbeobachtung bezeichnet (s. S. 22 u. 23).

Das Tagesmittel.

Für die Berechnung des Tagesmittels werden die drei Terminwerte zusammengezählt, die Summe wird durch 3 geteilt. Die Formel zur Berechnung des Tagesmittels der Bewölkung ist $\dfrac{I + II + III}{3}$; es wird auf Zehntel genau berechnet.

Die Niederschlagsbeobachtungen.

Die Durchführung der Messung zu den Terminen ist auf S. 29 behandelt. Daneben hat der Beobachter aber auch auf die Zeit und Stärke aller Niederschlagsformen zwischen den Terminen zu achten.

Tagessummen.

Aus den 3 Terminwerten ergibt sich die Tagessumme eines bestimmten Tages, indem man sämtliche nach der Morgenmessung des Vortages bis 7 Uhr des Messungstages gemessenen Teilmengen zusammenzählt. Hierbei ist also die am Vortage um 7 Uhr gemessene Menge auszuschließen, dagegen die an dem betreffenden Tage um 7 Uhr gemessene Menge mitzuzählen.

Beispiel:	I	II	III
Es war gemessen worden:	mm	mm	mm
am 13. Juli	.	.	.
„ 14. „	0.3	0.6	10.7
„ 15. „	1.9	6.2	.
„ 16. „	.	.	.

als Tagessumme ergibt sich für den

14. Juli = 0.3
15. „ = 13.2
16. „ = 6.2

Wird der Niederschlag nur einmal am Tage morgens gemessen, so ist der gemessene Wert stets dem Messungstage zuzuschreiben, und zwar auch dann, wenn der Niederschlag teilweise oder ausschließlich am vorhergehenden Tage gefallen ist.

Beispiel 1: Es hat am 26. III. von $5^1/_2$ bis $6^1/_2$ Uhr geregnet. Die Messung am 26. III. 7 Uhr, die 1.5 mm ergab, ist für diesen Messungstag einzutragen.

Beispiel 2: Es hat am 13. II. von 10 bis 16 Uhr geregnet, am 14. von 5 bis 6 Uhr. Die Messung am 14. II. 7 Uhr, die 4.5 mm ergab, ist für den 14. (Messungstag) einzutragen.

Beispiel 3: Am 24. III. hat es von 17 bis 19 Uhr geregnet. Die Messung am 25. III. 7 Uhr, die 2.3 mm ergab, ist für diesen Messungstag einzutragen, nicht für den 24. III.

Kennzeichnung besonderer Tage.

Einen hochgestellten Stern (*) erhalten Niederschlagswerte von mindestens 0.1 mm, wenn sie ganz von Schnee herrühren. Es gilt dies auch dann, wenn der Schnee beim Hineinfallen in das Auffanggefäß gleich geschmolzen ist.

Tage mit Schnee sind alle Tage, deren Niederschlagsmenge durch einen hochgestellten Stern gekennzeichnet ist.

Das Zeichen ⚹ erhalten alle Niederschlagswerte von mindestens 0.1 mm, die teils von Regen, teils von Schnee herrühren, auch wenn nur einige Schneeflocken beteiligt waren.

Aufzeichnungen über Art, Zeit und Stärke der Niederschläge.

Hinter das Zeichen der Niederschlagsform wird die Zeit des Anfangs und des Endes gesetzt. Für die Bezeichnung der Stärke verwendet man wieder die hochgestellten Zahlen 0 (= schwacher), 1 (= mäßiger), 2 (= starker Regen).

Beispiele: Beobachtung: Es hat von 10^{35} bis 12^{10} Uhr stark geregnet.
Aufzeichnung: ⦿^{2} 10^{35}—12^{10}.

Beobachtung: Es hat von $10^3/_4$ bis $15^1/_2$ Uhr schwach geschneit.
Aufzeichnung: ✳^{0} $10^3/_4$—$15^1/_2$.

Beobachtung: Von früh an, bereits vor 6 Uhr — der genaue Beginn konnte nicht beobachtet werden — hat mäßig starker Nebel bis gegen 10 Uhr geherrscht.
Aufzeichnung: ≡^{1} na—10.

Beobachtung: Schwerer Hagelfall von 14^{28} bis 14^{31} Uhr.
Aufzeichnung: ▲^{2} 14^{28}—14^{31}.

Beobachtung: Morgens um 6 Uhr regnete es leicht, und es bestand bereits eine starke Glatteisdecke. Der Regen hörte gegen 10 Uhr auf, das Glatteis bestand im allgemeinen bis 11 Uhr, stellenweise bis 12 Uhr.
Aufzeichnung: ⦿^{0} na—10, ⌧ na—11, stellenweise—12.

Beobachtung: Früh befand sich starker Tau auf den Pflanzen. Das Verschwinden wurde nicht beobachtet.
Aufzeichnung: ⌒^{2} fr.

Aufzeichnungen über Gewitter.

Die über die elektrischen Erscheinungen angestellten Beobachtungen werden in der Reihenfolge ihres Eintretens mit den Angaben über Form und Zeit des Niederschlages im Tagebuch unter „Bemerkungen" fortlaufend notiert.

Diese Angaben sollen sich möglichst auf Zeit, Stärke und Zugrichtung des Gewitters, sowie Zeit, Richtung und Stärke der Bö erstrecken.

Aufzeichnungen über optische Erscheinungen.

Die Angaben über optische Erscheinungen finden in dem Raum für die „Bemerkungen" ihren Platz. Die Stärke der Erscheinung kann, soweit als möglich, durch die hochgestellten Ziffern 0, 1 oder 2 gekennzeichnet werden. Die Zeitangabe ist dem Zeichen für die Erscheinung nachzusetzen.

Beispiele: $\oplus^1$ 16—17, $\ominus$ 22.

Aufzeichnungen über phänologische Erscheinungen.

Diejenigen Stationen, die den phänologischen Beobachtungsdienst vollkommen versehen und dafür besondere Anweisungen erhalten, tragen ihre Feststellungen in die gelieferten Vordrucke ein. Die übrigen Stationen, die nur gelegentlich eine besonders auffallende Erscheinung im Tier- und Pflanzenleben beobachten, zeichnen dies in den für „Bemerkungen" vorgesehenen Raum oder auf den leeren Seiten am Schluß des Tagebuches ein.

D. Die Monatstabellen.

Um die Beobachtungen übersichtlich zusammenstellen zu können, erhält der Beobachter Vordrucke (Monatstabellen), in denen die Beobachtungen monatweise eingetragen werden. Die Tabellen erfordern eine vollkommen gleichmäßige und einheitliche Behandlung durch alle Beobachter. Deshalb sind die nachfolgenden Vorschriften und die in der Anlage beigefügte Mustertabelle besonders sorgfältig zu beachten. Die Eintragungen sind mit schwarzer Tinte zu machen.

Einsendetermin. Spätestens 4 Tage nach Monatsschluß muß die Monatstabelle aufgestellt sein und abgesandt werden. Diese Frist ist unbedingt einzuhalten, da die Beobachtungen für die Bearbeitung von Witterungsberichten sofort gebraucht werden. Wenn es irgend möglich ist, soll der Beobachter die Tabelle noch früher abschicken.

Erfahrungsgemäß fehlt dem Beobachter zu Anfang des Monats häufig die Zeit, um die ganze Monatstabelle aufstellen zu können. Es wird daher dringend geraten, die Beobachtungen jeden Tag einzutragen und aufzurechnen, oder doch immer schon nach einigen Tagen diese Arbeiten auszuführen.

Die Vorderseite.

Die erste Seite der Monatstabelle ist bei jeder Tabelle vollständig auszufüllen. Eintragungen wie z. B. „siehe vorige Tabelle" sind unzulässig.

Geographische Breite und Länge, Höhe des Barometers und der Umgebung der Beobachtungsstelle sowie die Korrektionen der Instrumente werden dem Beobachter mitgeteilt. Die Höhe der Instrumente über dem Erdboden ist auf zehntel Meter genau anzugeben. Ändert sich die Höhe infolge Umstellung der Instrumente, so ist ein entsprechender Vermerk anzubringen.

In die Spalte „Thermometervergleiche" sind die gleichzeitigen Ablesungen der Extremthermometer und des trockenen Thermometers ohne irgendwelche Korrektionen aus dem Tagebuch zu übertragen.

Die Innen- und Rückseiten.

Die Innenseiten sind nach dem Umfang der Beobachtungen, d. h. also für Stationen II. und III. Ordnung verschieden. Der Kopf der einzelnen Spalten gibt aber genügend Aufschluß, welche Beobachtungen einzutragen sind, so daß bei genauer Beachtung der Vorschriften Irrtümer ausgeschlossen sind.

Die rechts und links oben befindlichen, durch Vordruck zur Eintragung von Stationsnamen, Monat und Jahr bestimmten Stellen sind stets auszufüllen.

In den darunter befindlichen eigentlichen Tabellenvordruck sind aus dem Tagebuche die schon korrigierten und reduzierten Ablesungen, sowie die sonstigen berechneten Werte und die übrigen Aufzeichnungen über die Witterung sorgfältig zu übertragen.

Beim Eintragen der Luftdruckwerte ist nur am ersten Monatstage und beim Monatsmittel die Hunderter-Stelle zu schreiben. Beim Aufrechnen bleiben die Hunderter unberücksichtigt (s. Mustertabelle), wenn, was meist der Fall ist, die Luftdruckwerte denselben Hunderter haben.

Temperaturen über Null bleiben ohne Vorzeichen. Temperaturen unter Null erhalten ein Minuszeichen (—). Bei den Temperaturwerten des feuchten Thermometers, die unter Null liegen, ist das Zeichen e oder w, das die Beschaffenheit der Mullumhüllung, ob Eis oder Wasser, kennzeichnet, stets hinzuzufügen (s. S. 15).

Bei Ausfüllung der Spalten für Dampfdruck, relative Feuchtigkeit, Haarhygrometer und Bewölkung ist lediglich das bereits früher Gesagte zu berücksichtigen.

Als Windstärke ist stets die geschätzte Windstärke nach der Beaufortskala einzutragen. Liegen außerdem Messungen mit dem Anemometer in m/sec vor, so sind diese Werte in Klammern beizufügen.

Die Spalte „Sonnenscheindauer in Stunden" ist nur von den Stationen auszufüllen, die über einen Sonnenscheinmesser verfügen.

Form und Zug der Wolken werden ebenfalls nur von Stationen notiert, die imstande sind, solche Aufzeichnungen einwandfrei auszuführen. Das gleiche gilt für die Sichtweite.

Wegen der Aufzeichnung der Niederschlagshöhe, der Schneedecke und des Zustandes des Erdbodens sei hier nochmals auf das verwiesen, was bereits früher über die Anstellung dieser Beobachtungen gesagt wurde.

Bei Form und Zeit des Niederschlags ist zu beachten, daß in diese Spalte lediglich die Elemente aufgenommen werden, die im Kopf der Spalte angegeben sind. Die übrigen Aufzeichnungen gehören in die Spalte „Bemerkungen".

Reicht der vorgesehene Raum für Form und Zeit der Niederschläge und die sonstigen Bemerkungen nicht aus, so darf nur dann die Zeile eines anderen Tages verwendet werden, wenn durch deutliche Hinweise dafür gesorgt ist, daß keine Zweifel über die Datierung der Niederschläge entstehen können. Ist dies nicht möglich, so kommen für die einzelnen Daten die Fortsetzungen in den freien Raum unten auf der Tabelle.

Monatssummen und Monatsmittel. Die Summen für die Monatsdrittel sind, wenn sie auch für die Berechnung der Monatsmittel nicht notwendig sind, stets aufzurechnen. (Für das Rechnen mit Temperaturwerten unter Null gelten die Regeln, wie sie auf S. 42 erläutert wurden). Diese Summen gestatten zugleich die sehr erwünschte Prüfung für die fehlerfreie Berechnung der Tagesmittel.

Die zehntägigen und weiterhin die monatlichen Summen der Tagesmittel müssen sich nämlich aus den zehntägigen und monatlichen Summen der Terminwerte ganz ebenso ergeben wie ein einzelnes Tagesmittel aus den zugehörigen Terminbeobachtungen.

Hat man also die Dekaden- und Monatssummen festgestellt, dann nimmt man zum Zwecke der Kontrolle mit den Terminsummen dieselben Rechnungen vor wie mit den Terminbeobachtungen eines einzelnen Tages zur Ermittelung des Tagesmittels; das Ergebnis der Rechnung muß bis auf wenige (höchstens etwa 3) Zehntel genau mit der Summe der Tagesmittel übereinstimmen. In dem in der „Anlage" beigefügten Muster einer ausgefüllten Tabelle ergeben sich z. B. als Monatssummen der an den Terminen beobachteten Temperaturen

I	II	III
—120.0	—49.0	—90.7

Aus diesen Werten würde sich nach der Formel zur Berechnung des Tagesmittels dieses zu —87.6 ergeben; da dies nun mit der Monatssumme der Tagesmittel der Temperatur (—87.8) fast genau übereinstimmt, so ist mit großer Wahrscheinlichkeit anzunehmen, daß kein Fehler vorliegt.

Um diese Kontrolle ausführen zu können, ist daher in die Zeilen „Summe" auch bei den Spalten „Tagesmittel" stets die Summe der Tagesmittel und nicht das Mittel aus den Summen der drei Terminspalten einzutragen, also in vorgenannten Beispiele die Summe —87.8 und nicht das Mittel (aus I, II, III) —87.6.

Eine ähnliche Prüfung hat man mit Maximum und Minimum der Temperatur und deren Differenzen, den Tagesschwankungen, vorzunehmen.

Die Differenz der zehntägigen und monatlichen Summen von Maximum und Minimum muß mit der Summe der täglichen Differenzen ganz genau übereinstimmen. So ergibt sich in der Mustertabelle aus den Summen der Maxima (—17.1) und der Minima (—166.1) deren Differenz zu 149.0; dieselbe Zahl ist aber auch ermittelt worden durch Addition der Tagesschwankungen, und somit ist die Rechnung richtig.

Zeigt sich nun aber in den so auf doppeltem Wege erhaltenen Zahlen eine Abweichung, so liegt irgendwo ein Fehler vor, der durch Wiederholung der Rechnung zu ermitteln und zu verbessern ist, bis die von neuem angestellte Probe Übereinstimmung ergibt. Es ist daher für den Beobachter nur vorteilhaft, wenn er diese Kontrollen schon nach Aufrechnung jedes Monatsdrittels ausführt.

Bei der Zusammenzählung der Windstärkezahlen sowie der Höhe des Niederschlages ist diese Art von Prüfung ausgeschlossen; hier soll daher der Sicherheit wegen die Summierung doppelt — von unten nach oben und von oben nach unten — vorgenommen werden. Dasselbe gilt auch sonst bei allen denjenigen Rechnungen, bei denen andere Prüfungen nicht gegeben sind.

Die Monatsmittel erhält man durch einfache Division der Monatssummen durch die Zahl der Tage des betreffenden Monats.

Auch hier kann man sich wieder von der Richtigkeit der Rechnung überzeugen, indem man dieselben Kontrollen wie bei den Monatssummen anwendet. Die Monatsmittel der Tagesmittel müssen sich aus den Monatsmitteln der einzelnen Termine bis auf geringe Abweichungen in derselben Weise ergeben wie irgendein Tagesmittel aus den zugehörigen Terminbeobachtungen. Das Monatsmittel der Differenzen von Maximum und Minimum der Temperatur muß mit der Differenz vom Monatsmittel des Maximums und des Minimums bis auf $1/10$ übereinstimmen.

Beispiel: Temperaturextreme:	Max.	Min.	Diff.
Monatssumme . .	—17.1	—166.1	149.0
Monatsmittel . . .	— 0.6	— 5.4	4.8

Da nun 149.0:31 ebenfalls 4.8 ergibt, ist die Division richtig.

Temperatur zu den Terminen:	I	II	III	Tagesmittel
Monatssumme	—120.0	—49.0	—90.7	—87.8
Monatsmittel	— 3.9	— 1.6	— 2.9	— 2.8

Da nun —87.8:31 ebenfalls —2.8 ergibt, ist die Division richtig.

Das gleiche Prüfungsverfahren ist auch bei den anderen Elementen anzuwenden; wo aber eine Prüfung nicht möglich ist, ist es ratsam, die Rechnung immer zweimal unabhängig voneinander vorzunehmen.

Sind Beobachtungen ausgefallen, dann sind von der betreffenden Spalte nur die Summen zu berechnen und mit Bleistift einzutragen; die Monatsmittel werden in den Zentralstellen bestimmt werden.

Monatsextreme. In einer unterhalb der eigentlichen Monatstabelle vorgesehenen „Monatsübersicht" sind die im Laufe des Monats vorgekommenen höchsten und tiefsten Werte einzutragen. Um sie leicht kenntlich zu machen und ihre Nachprüfung zu erleichtern, sind diese Extremwerte in der Tabelle durch Unterstreichen hervorzuheben, und zwar die Maxima durch einen roten, die Minima durch einen blauen Strich (Buntstift).

Demnach sind zu unterstreichen (s. Mustertabelle) in den Spalten
„Luftdruck"   der höchste (Maximum) und niedrigste (Minimum) Wert,
„Temperaturextreme"   ,,   ,,   ,,   ,,   ,,   ,,
„Dampfdruck"   ,,   ,,   ,,   ,,   ,,   ,,
„Relative Feuchtigkeit" der niedrigste Wert (Minimum);
in der Spalte   Wind alle Stärkewerte von 6 an aufwärts,
 ,,   ,,   ,,   „Niederschlag" der höchste Wert,
 ,,   ,,   ,,   „Schneedecke" der höchste Wert.

Die unterstrichenen Werte werden, soweit dies möglich ist, in die vorgesehenen Felder der Monatsübersicht eingetragen.

Auszählung besonderer Tage. Außerdem verlangt die „Monatsübersicht" die Auszählung besonderer Tage, zu deren Kennzeichnung das Folgende zu beachten ist.

Eistage. Die Temperatur lag während des ganzen Tages unter 0^0 (von Abendbeobachtung zu Abendbeobachtung). Es sind alle Tage auszuzählen, die in der Spalte „Temperaturextreme, Maximum" das Minuszeichen (—) haben.

Tage mit einem Minimum $\leq -10^0$. Das Minimum der Temperatur liegt bei —10^0 oder darunter. Es sind also alle Tage auszuzählen, die in der Spalte „Temperaturextreme, Minimum" zweistellige Werte mit einem Minuszeichen (—) haben.

Frosttage. Die niedrigste Temperatur im Laufe des Tages von Abendbeobachtung zu Abendbeobachtung lag unter 0^0. Es sind alle Tage in der Spalte „Temperaturextreme, Minimum" auszuzählen, die Werte mit dem Minuszeichen (—) haben.

Die Eistage sind in den Frosttagen enthalten, also bei der Auszählung der Frosttage nicht auszuschließen.

Frostfreie Tage. Die Auszählung der Tage mit einem Minimum von 0^0 oder mehr ergibt die Anzahl der frostfreien Tage. Die Summe der Frosttage und der frostfreien Tage muß die Zahl der Monatstage ergeben.

Sommertage. Das Maximum der Temperatur beträgt 25^0 oder mehr.

Tage mit einem Minimum von 20^0 oder mehr kommen nur sehr selten im Sommer vor.

Tage mit der Windstärke 6 oder mehr. Der Wind erreichte zu den festen Beobachtungszeiten oder überhaupt im Laufe des ganzen Tages mindestens die Stärke 6.

Sturmtage. Der Wind erreichte zu den festen Beobachtungszeiten oder überhaupt im Laufe des ganzen Tages die Stärke 8 oder mehr.

Heitere Tage. Das Tagesmittel der Bewölkung lag unter 2.0 (Tage mit 2.0 werden nicht mitgezählt).

Trübe Tage. Das Tagesmittel der Bewölkung lag über 8.0 (Tage mit 8.0 werden nicht mitgezählt).

Tage mit mindestens 10.0 mm, 1.0 mm, 0.1 mm Niederschlag. Bei der Auszählung der Tage mit mindestens 1.0 mm Niederschlag sind die Tage mit mindestens 10.0 mm wieder mitzuzählen. Ebenso sind bei der Auszählung der Tage mit mindestens 0.1 mm Niederschlag die Tage mit mindestens 1.0 mm und mit mindestens 10.0 mm wieder mitzuzählen.

Tage mit mindestens 0.1 mm Schnee. Die von Schnee herrührende Wassermenge muß mindestens 0.1 mm betragen. Nach S. 45 sind demnach alle Tage mit einem Sternchen * auszuzählen.

Tage mit mindestens 0.1 mm Regen und Schnee. Die vom Regen und Schnee herrührende Wassermenge muß mindestens 0.1 mm betragen. Nach S. 44 sind demnach alle Tage mit dem Zeichen ⚛ auszuzählen.

Tage mit Schneedecke. Die Zahl der Tage ist zu zählen, an denen zur Morgenbeobachtung eine Schneedecke lag. Tage mit der Höhe 0 sind mitzuzählen, dagegen nicht Tage mit Flecken (Fl.).

Tage mit Schneedecke von mindestens 1 cm Höhe. Die Tage mit der Schneedeckenhöhe 0 bleiben unberücksichtigt.

Tage mit Hagel. Es gelten bei der Auszählung dieselben Regeln wie bei der Auszählung der Tage mit Graupeln. Die Tage mit Eiskörnern ($\triangle$) werden mitgezählt.

Tage mit Graupeln. Gezählt werden alle Tage, an denen Reifgraupeln (λ), Frostgraupeln ($\triangle$) und Griesel ($\triangle$) überhaupt gefallen sind. Die Menge wird nicht berücksichtigt. Die Auszählung erfolgt daher nach den Bemerkungen über Form und Zeit der Niederschläge.

Tage mit Reif. Gezählt werden alle Tage, an denen Reif aufgezeichnet ist. Rauhreif ist nicht zu berücksichtigen.

Tage mit Tau. Gezählt werden alle Tage, an denen Tau verzeichnet ist.

Tage mit Nebel. Es zählen dazu alle Tage, an denen Nebel ($\equiv^0 \equiv^1 \equiv^2$) oder auch nässender Nebel ($\equiv$) (Sicht unter 1 km) aufgetreten ist. $\equiv$ wird nicht berücksichtigt.

Tage mit Gewittern. Als Tage mit Gewittern sind alle Tage zu zählen, an denen wenigstens ein Donner gehört worden ist. Ein Tag, an dem mehrere Gewitter auftraten, gilt als ein Gewittertag. Tage mit Wetterleuchten sind den Gewittertagen nicht zuzurechnen. Wenn das Gewitter vor Mitternacht angefangen, aber nach Mitternacht geendet hat, ist es nur für einen Tag zu rechnen.

Tage mit Wetterleuchten. Gehört das Wetterleuchten zu einem heraufziehenden oder zu einem abziehenden Gewitter, so wird es nicht mitgezählt. Wetterleuchten, die über Mitternacht hinausdauern, sind nur einmal zu zählen.

Windverteilung. Für jede der drei Spalten, die je einem Beobachtungstermin entsprechen, ist festzustellen, wie oft eine Windrichtung beobachtet wurde. Die Richtigkeit der Auszählung ist leicht nachzuprüfen, denn die Summe jeder Spalte muß gleich der Zahl der Monatstage sein.

Falls Zwischenrichtungen beobachtet wurden, muß jede Zwischenrichtung auf die benachbarten Hauptrichtungen zur Hälfte aufgeteilt werden.

> Beispiel: NNE wird gezählt als 0.5 N und 0.5 NE,
> WSW wird gezählt als 0.5 W und 0.5 SW.

Die Berechnung der Windstärke bei den einzelnen Richtungen braucht der Beobachter nicht vorzunehmen; diese Arbeit ist freiwillig. Zu ihrer Durchführung werden auf Wunsch besondere Vordrucke geliefert, die die Rechnung sehr vereinfachen und erleichtern.

Die Stärkezahlen jeder einzelnen Windrichtung sind zunächst für sich aufzuaddieren; bei Zwischenrichtungen muß die Stärke halbiert werden.

> Beispiel 1: NNE 4 ergibt bei der Richtung N die Stärke 2 und bei der Richtung
> NE ebenfalls die Stärke 2.

Beispiel 2: WSW 7 ergibt bei der Richtung W die Stärke 3.5 und bei der Richtung SW ebenfalls die Stärke 3.5.

Bei jeder einzelnen Windrichtung wird nun die Summe der Stärkezahlen durch die Summe der Häufigkeit geteilt, um das Mittel der Stärke zu erhalten.

Beispiel 1: Bei N haben wir erhalten als Summe der Stärke 48; als Häufigkeit steht darüber (Summe I + II + III) = 16.
Die mittlere Stärke ist dann 48 : 16 = 3.0.

Beispiel 2: Bei SW haben wir erhalten als Summe der Stärke 53.5; als Häufigkeit steht darüber (Summe I + II + III) = 23.5.
Die mittlere Stärke ist dann 53.5 : 23.5 = 2.3.

Pentadenmittel und -summen. Von dem Luftdruck, der Temperatur, der Bewölkung, der Sonnenscheindauer und dem Niederschlag werden fünftägige Mittel bzw. Summen gebildet.

Für die Einteilung des Jahres in Abschnitte von je 5 Tagen (Pentaden) ist die auf jedem Beobachtungsbogen abgedruckte Pentadenübersicht maßgebend.

Für die Aufrechnung empfiehlt es sich, die Pentaden durch Bleistiftstriche voneinander zu trennen und einen Zettel an die Striche zu legen, auf dem die Summe errechnet wird. Reichen die Pentaden von einem Monat bis zum nächsten hinüber, so können die zum vorhergehenden oder folgenden Monat gehörigen Werte mit Bleistift in die Tabelle geschrieben werden, um ein leichteres Aufrechnen zu ermöglichen.

Beim Luftdruck, bei der Temperatur und der Bewölkung werden zunächst aus je 5 Tagesmitteln die Summen berechnet und in die dafür vorgesehene Tabelle eingetragen. Beim Sonnenschein werden 5 Tagessummen zusammengezählt, und die Summe wird eingetragen.

Zur Berechnung der Pentadenmittel sind die Summen durch 5 zu teilen, nur in Schaltjahren ist die Summe des letzten Februarabschnittes, der 6 Tage umfaßt, durch 6 zu teilen.

Die Pentadenberechnung ist einzelnen Stationen erlassen.

Bemerkungen über Witterungserscheinungen. Auf der Innenseite und teilweise auch auf der Rückseite der Monatstabellen ist ein besonderer Raum vorgesehen, auf dem Angaben über besondere Witterungserscheinungen und durch sie hervorgerufene Schäden Platz finden sollen. In diesem Raum kann auch eine Charakteristik der Witterung des betr. Monats gegeben werden. Ferner ist er bestimmt für besondere Beobachtungen aus der Pflanzen- und Tierwelt (s. S. 46), über Saat- und Ernteverhältnisse u. a. m. Zu Mitteilungen an die Zentralstelle ist dieser Raum nicht zu verwenden. Hierfür werden dem Beobachter besondere Mitteilungsvordrucke geliefert.

E. Tafeln zur Reduktion der Barometerstände (mm) auf 0°.

Temp. C°	600	610	620	630	640	650	660	670	680	690	Temp. C°
−15	+1.5	+1.5	+1.5	+1.6	+1.6	+1.6	+1.6	+1.6	+1.7	+1.7	−15
−14	+1.4	+1.4	+1.4	+1.4	+1.5	+1.5	+1.5	+1.5	+1.6	+1.6	−14
−13	+1.3	+1.3	+1.3	+1.3	+1.4	+1.4	+1.4	+1.4	+1.4	+1.5	−13
−12	+1.2	+1.2	+1.2	+1.2	+1.3	+1.3	+1.3	+1.3	+1.3	+1.4	−12
−11	+1.1	+1.1	+1.1	+1.1	+1.2	+1.2	+1.2	+1.2	+1.2	+1.2	−11
−10	+1.0	+1.0	+1.0	+1.0	+1.0	+1.1	+1.1	+1.1	+1.1	+1.1	−10
− 9	+0.9	+0.9	+0.9	+0.9	+0.9	+1.0	+1.0	+1.0	+1.0	+1.0	− 9
− 8	+0.8	+0.8	+0.8	+0.8	+0.8	+0.9	+0.9	+0.9	+0.9	+0.9	− 8
− 7	+0.7	+0.7	+0.7	+0.7	+0.7	+0.7	+0.8	+0.8	+0.8	+0.8	− 7
− 6	+0.6	+0.6	+0.6	+0.6	+0.6	+0.6	+0.6	+0.7	+0.7	+0.7	− 6
− 5	+0.5	+0.5	+0.5	+0.5	+0.5	+0.5	+0.5	+0.5	+0.6	+0.6	− 5
− 4	+0.4	+0.4	+0.4	+0.4	+0.4	+0.4	+0.4	+0.4	+0.4	+0.5	− 4
− 3	+0.3	+0.3	+0.3	+0.3	+0.3	+0.3	+0.3	+0.3	+0.3	+0.3	− 3
− 2	+0.2	+0.2	+0.2	+0.2	+0.2	+0.2	+0.2	+0.2	+0.2	+0.2	− 2
− 1	+0.1	+0.1	+0.1	+0.1	+0.1	+0.1	+0.1	+0.1	+0.1	+0.1	− 1
0	0.0	0.0	0.0	0.0	0.0	0.0	0.0	0.0	0.0	0.0	0
1	−0.1	−0.1	−0.1	−0.1	−0.1	−0.1	−0.1	−0.1	−0.1	−0.1	1
2	−0.2	−0.2	−0.2	−0.2	−0.2	−0.2	−0.2	−0.2	−0.2	−0.2	2
3	−0.3	−0.3	−0.3	−0.3	−0.3	−0.3	−0.3	−0.3	−0.3	−0.3	3
4	−0.4	−0.4	−0.4	−0.4	−0.4	−0.4	−0.4	−0.4	−0.4	−0.5	4
5	−0.5	−0.5	−0.5	−0.5	−0.5	−0.5	−0.5	−0.5	−0.6	−0.6	5
6	−0.6	−0.6	−0.6	−0.6	−0.6	−0.6	−0.6	−0.7	−0.7	−0.7	6
7	−0.7	−0.7	−0.7	−0.7	−0.7	−0.7	−0.8	−0.8	−0.8	−0.8	7
8	−0.8	−0.8	−0.8	−0.8	−0.8	−0.8	−0.9	−0.9	−0.9	−0.9	8
9	−0.9	−0.9	−0.9	−0.9	−0.9	−1.0	−1.0	−1.0	−1.0	−1.0	9
10	−1.0	−1.0	−1.0	−1.0	−1.0	−1.1	−1.1	−1.1	−1.1	−1.1	10
11	−1.1	−1.1	−1.1	−1.1	−1.1	−1.2	−1.2	−1.2	−1.2	−1.2	11
12	−1.2	−1.2	−1.2	−1.2	−1.2	−1.3	−1.3	−1.3	−1.3	−1.4	12
13	−1.3	−1.3	−1.3	−1.3	−1.4	−1.4	−1.4	−1.4	−1.4	−1.5	13
14	−1.4	−1.4	−1.4	−1.4	−1.5	−1.5	−1.5	−1.5	−1.6	−1.6	14
15	−1.5	−1.5	−1.5	−1.5	−1.6	−1.6	−1.6	−1.6	−1.7	−1.7	15
16	−1.6	−1.6	−1.6	−1.6	−1.7	−1.7	−1.7	−1.7	−1.8	−1.8	16
17	−1.7	−1.7	−1.7	−1.7	−1.8	−1.8	−1.8	−1.9	−1.9	−1.9	17
18	−1.8	−1.8	−1.8	−1.8	−1.9	−1.9	−1.9	−2.0	−2.0	−2.0	18
19	−1.9	−1.9	−1.9	−1.9	−2.0	−2.0	−2.0	−2.1	−2.1	−2.1	19
20	−1.9	−2.0	−2.0	−2.1	−2.1	−2.1	−2.1	−2.2	−2.2	−2.2	20
21	−2.0	−2.1	−2.1	−2.2	−2.2	−2.2	−2.3	−2.3	−2.3	−2.4	21
22	−2.1	−2.2	−2.2	−2.3	−2.3	−2.3	−2.4	−2.4	−2.4	−2.5	22
23	−2.2	−2.3	−2.3	−2.4	−2.4	−2.4	−2.5	−2.5	−2.5	−2.6	23
24	−2.3	−2.4	−2.4	−2.5	−2.5	−2.5	−2.6	−2.6	−2.7	−2.7	24
25	−2.4	−2.5	−2.5	−2.6	−2.6	−2.6	−2.7	−2.7	−2.8	−2.8	25
26	−2.5	−2.6	−2.6	−2.7	−2.7	−2.8	−2.8	−2.8	−2.9	−2.9	26
27	−2.6	−2.7	−2.7	−2.8	−2.8	−2.9	−2.9	−2.9	−3.0	−3.0	27
28	−2.7	−2.8	−2.8	−2.9	−2.9	−3.0	−3.0	−3.0	−3.1	−3.1	28
29	−2.8	−2.9	−2.9	−3.0	−3.0	−3.1	−3.1	−3.2	−3.2	−3.3	29
30	−2.9	−3.0	−3.0	−3.1	−3.1	−3.2	−3.2	−3.3	−3.3	−3.4	30
31	−3.0	−3.1	−3.1	−3.2	−3.2	−3.3	−3.3	−3.4	−3.4	−3.5	31
32	−3.1	−3.2	−3.2	−3.3	−3.3	−3.4	−3.4	−3.5	−3.5	−3.6	32
33	−3.2	−3.3	−3.3	−3.4	−3.4	−3.5	−3.5	−3.6	−3.7	−3.7	33
34	−3.3	−3.4	−3.4	−3.5	−3.5	−3.6	−3.7	−3.7	−3.8	−3.8	34
35	−3.4	−3.5	−3.5	−3.6	−3.6	−3.7	−3.8	−3.8	−3.9	−3.9	35

54

Temp. C^0	700	710	720	730	740	750	760	770	780	790	Temp. C^0
−15	+1.7	+1.7	+1.8	+1.8	+1.8	+1.8	+1.9	+1.9	+1.9	+1.9	−15
−14	+1.6	+1.6	+1.7	+1.7	+1.7	+1.7	+1.7	+1.8	+1.8	+1.8	−14
−13	+1.5	+1.5	+1.5	+1.6	+1.6	+1.6	+1.6	+1.6	+1.7	+1.7	−13
−12	+1.4	+1.4	+1.4	+1.4	+1.5	+1.5	+1.5	+1.5	+1.5	+1.6	−12
−11	+1.3	+1.3	+1.3	+1.3	+1.3	+1.4	+1.4	+1.4	+1.4	+1.4	−11
−10	+1.1	+1.2	+1.2	+1.2	+1.2	+1.2	+1.2	+1.3	+1.3	+1.3	−10
− 9	+1.0	+1.0	+1.1	+1.1	+1.1	+1.1	+1.1	+1.1	+1.1	+1.2	− 9
− 8	+0.9	+0.9	+0.9	+1.0	+1.0	+1.0	+1.0	+1.0	+1.0	+1.0	− 8
− 7	+0.8	+0.8	+0.8	+0.8	+0.8	+0.9	+0.9	+0.9	+0.9	+0.9	− 7
− 6	+0.7	+0.7	+0.7	+0.7	+0.7	+0.7	+0.7	+0.8	+0.8	+0.8	− 6
− 5	+0.6	+0.6	+0.6	+0.6	+0.6	+0.6	+0.6	+0.6	+0.6	+0.6	− 5
− 4	+0.5	+0.5	+0.5	+0.5	+0.5	+0.5	+0.5	+0.5	+0.5	+0.5	− 4
− 3	+0.3	+0.3	+0.4	+0.4	+0.4	+0.4	+0.4	+0.4	+0.4	+0.4	− 3
− 2	+0.2	+0.2	+0.2	+0.2	+0.2	+0.2	+0.2	+0.3	+0.3	+0.3	− 2
− 1	+0.1	+0.1	+0.1	+0.1	+0.1	+0.1	+0.1	+0.1	+0.1	+0.1	− 1
0	0.0	0.0	0.0	0.0	0.0	0.0	0.0	0.0	0.0	0.0	0
1	−0.1	−0.1	−0.1	−0.1	−0.1	−0.1	−0.1	−0.1	−0.1	−0.1	1
2	−0.2	−0.2	−0.2	−0.2	−0.2	−0.2	−0.2	−0.3	−0.3	−0.3	2
3	−0.3	−0.3	−0.4	−0.4	−0.4	−0.4	−0.4	−0.4	−0.4	−0.4	3
4	−0.5	−0.5	−0.5	−0.5	−0.5	−0.5	−0.5	−0.5	−0.5	−0.5	4
5	−0.6	−0.6	−0.6	−0.6	−0.6	−0.6	−0.6	−0.6	−0.6	−0.6	5
6	−0.7	−0.7	−0.7	−0.7	−0.7	−0.7	−0.7	−0.8	−0.8	−0.8	6
7	−0.8	−0.8	−0.8	−0.8	−0.8	−0.9	−0.9	−0.9	−0.9	−0.9	7
8	−0.9	−0.9	−0.9	−1.0	−1.0	−1.0	−1.0	−1.0	−1.0	−1.0	8
9	−1.0	−1.0	−1.1	−1.1	−1.1	−1.1	−1.1	−1.1	−1.1	−1.2	9
10	−1.1	−1.2	−1.2	−1.2	−1.2	−1.2	−1.2	−1.3	−1.3	−1.3	10
11	−1.3	−1.3	−1.3	−1.3	−1.3	−1.3	−1.4	−1.4	−1.4	−1.4	11
12	−1.4	−1.4	−1.4	−1.4	−1.4	−1.5	−1.5	−1.5	−1.5	−1.5	12
13	−1.5	−1.5	−1.5	−1.5	−1.6	−1.6	−1.6	−1.6	−1.7	−1.7	13
14	−1.6	−1.6	−1.6	−1.7	−1.7	−1.7	−1.7	−1.8	−1.8	−1.8	14
15	−1.7	−1.7	−1.8	−1.8	−1.8	−1.8	−1.9	−1.9	−1.9	−1.9	15
16	−1.8	−1.9	−1.9	−1.9	−1.9	−2.0	−2.0	−2.0	−2.0	−2.1	16
17	−1.9	−2.0	−2.0	−2.0	−2.0	−2.1	−2.1	−2.1	−2.2	−2.2	17
18	−2.1	−2.1	−2.1	−2.1	−2.2	−2.2	−2.2	−2.3	−2.3	−2.3	18
19	−2.2	−2.2	−2.2	−2.3	−2.3	−2.3	−2.4	−2.4	−2.4	−2.4	19
20	−2.3	−2.3	−2.3	−2.4	−2.4	−2.4	−2.5	−2.5	−2.5	−2.6	20
21	−2.4	−2.4	−2.5	−2.5	−2.5	−2.6	−2.6	−2.6	−2.7	−2.7	21
22	−2.5	−2.5	−2.6	−2.6	−2.6	−2.7	−2.7	−2.8	−2.8	−2.8	22
23	−2.6	−2.7	−2.7	−2.7	−2.8	−2.8	−2.8	−2.9	−2.9	−3.0	23
24	−2.7	−2.8	−2.8	−2.8	−2.9	−2.9	−3.0	−3.0	−3.0	−3.1	24
25	−2.8	−2.9	−2.9	−3.0	−3.0	−3.0	−3.1	−3.1	−3.2	−3.2	25
26	−3.0	−3.0	−3.0	−3.1	−3.1	−3.2	−3.2	−3.3	−3.3	−3.3	26
27	−3.1	−3.1	−3.2	−3.2	−3.2	−3.3	−3.3	−3.4	−3.4	−3.5	27
28	−3.2	−3.2	−3.3	−3.3	−3.4	−3.4	−3.5	−3.5	−3.6	−3.6	28
29	−3.3	−3.3	−3.4	−3.4	−3.5	−3.5	−3.6	−3.6	−3.7	−3.7	29
30	−3.4	−3.5	−3.5	−3.6	−3.6	−3.7	−3.7	−3.8	−3.8	−3.9	30
31	−3.5	−3.6	−3.7	−3.7	−3.8	−3.8	−3.8	−3.9	−3.9	−4.0	31
32	−3.6	−3.7	−3.8	−3.8	−3.9	−3.9	−4.0	−4.0	−4.1	−4.1	32
33	−3.8	−3.8	−3.9	−3.9	−4.0	−4.0	−4.1	−4.1	−4.2	−4.2	33
34	−3.9	−3.9	−4.0	−4.0	−4.1	−4.1	−4.2	−4.3	−4.3	−4.4	34
35	−4.0	−4.0	−4.1	−4.2	−4.2	−4.3	−4.3	−4.4	−4.4	−4.5	35

F. Literatur-Übersicht.

I. Lehr- und Handbücher.

Defant, Wetter und Wettervorhersage. — F. Deuticke, Leipzig u. Wien, 2. Aufl., 1926, 346 S.

Defant u. Obst, Lufthülle und Klima. — F. Deuticke, Leipzig u. Wien 1923, 186 S.

Georgii, Wettervorhersage. — Th. Steinkopff, Dresden u. Leipzig 1924, 114 S.

Hann-Süring, Lehrbuch der Meteorologie, 5. Aufl. erscheint Ende 1936.

Hann, Handbuch der Klimatologie, 4. Aufl. bearbeitet von K. Knoch. — J. Engelhorn, Stuttgart, 1. Band 1932. 444 S.

Köppen. Die Klimate der Erde. — W. de Gruyter u. Co., Berlin u. Leipzig 1923, 369 S.

Linke u. a., Meteorol. Taschenbuch I. u. II. Ausgabe. — Akadem. Verlagsges. Leipzig 1931 u. 1933, 316 und 336 S.

Robitzsch, Beobachtungsmethoden des modernen Meteorologen. — Gebr. Borntraeger, Berlin 1925, 125 S.

Süring, Leitfaden der Meteorologie. — Chr. H. Tauchnitz, Leipzig 1927, 426 S.

Kleinschmidt, Handbuch der meteorolog. Instrumente. — J. Springer, Berlin 1935, 733 S.

Inhalt hauptsächlich mathematisch-theoretisch:

Bjerknes u. a., Physikal. Hydrodynamik, J. Springer. — Berlin 1933, 797 S.

Exner, Dynamische Meteorologie. — J. Springer, Wien, 2. Aufl., 1925, 421 S.

Koschmieder, Dynamische Meteorologie. — Akad. Verlagsges. Leipzig 1933, 376 S.

Pernter u. Exner, Meteorologische Optik. — Braumüller, Wien u. Leipzig 1922, 907 S.

Wegener, Thermodynamik der Atmosphäre. — J. A. Barth. — Leipzig, 2. unveränd. Aufl. 1924, 331 S.

Wegener, A. u. K., Vorlesungen über Physik der Atmosphäre. — J. A. Barth, Leipzig 1935, 482 S.

Weickmann, L., Mechanik und Thermodynamik der Atmosphäre, Lehrbuch der Geophysik, herausgegeben von B. Gutenberg, Abschnitt XVI. — Gebr, Borntraeger, Berlin 1929.

Für einen weiteren Leserkreis geeignet:

Albrecht-Voigts-Paech, Grundzüge der Meteorologie. — O. Salle, Berlin 1927, 170 S.

Alt, Das Klima. — Ph. Reclam, Leipzig 1912, 136 S.

— Meteorologie für Flieger. — R. Eisenschmidt, Berlin 1917, 116 S.

— Wind und Wetter. — Ph. Reclam, Leipzig 1925, 109 S.

Börnstein-Brückmann, Leitfaden der Wetterkunde. — F. Vieweg u. Sohn, Braunschweig, 4. Aufl. 1927, 284 S.

Deutsche Seewarte, Wetterkunde und Wetterkarte, Hamburg o. Jahr.

Defant, Meteorologie 5. umgearb. Aufl. 1929. — W. de Gruyter, Sammlung Göschen, 140 S.

v. Ficker, Wetter und Wetterentwicklung. — J. Springer, Berlin 1932, 140 S.

Freybe, Praktische Witterungskunde. — P. Parey, Berlin 1922, 82 S.

Geiger, Das Klima der bodennahen Luftschichten. — F. Vieweg & Sohn, Braunschweig 1927 246 S.

Gockel, Das Gewitter. — Ferd. Dümmler, Berlin u. Bonn 1925, 3. vielfach geänd. Aufl. 316 S.

Hennig, Unser Wetter. — B. G. Teubner, Leipzig u. Berlin 1919, 116 S.

Kassner, Wolken und Niederschläge. — Quelle u. Meyer, Leipzig, 2. verb. Aufl. 1926, 163 S.
— Das Wetter und seine Bedeutung für das praktische Leben. — Quelle u. Meyer, Leipzig 1918, 150 S.
— Gerichtliche und Verwaltungs-Meteorologie. — W. de Gruyter u. Co., Berlin u. Leipzig 1921, 208 S.
Kähler, Die Elektrizität der Gewitter. — Gebr. Borntraeger, Berlin 1924, 148 S.
— Luftelektrizität. — W. de Gruyter, Berlin u. Leipzig 1921 (Sammlung Göschen), 134 S.
— Einführung in die atmosphärische Elektrizität. — Gebr. Borntraeger, Berlin 1929, 244 S.
Knoch, Klima und Klimaschwankungen. — Quelle u. Meyer, Leipzig 1930 (Wissenschaft und Bildung, Bd. 269), 151 S.
König, Grundzüge der Meteorologie. — B. G. Teubner, Leipzig u. Berlin, 54 S. („Math.-Physikal. Bibl." Bd. 70).
Linke u. Clössner, Der wetterkundliche Unterricht. — M. Diesterweg, Frankfurt a. M. 1925, 164 S.
Mylius, Wetterkunde für den Wassersport. — Dr. Wedekind u. Co., Berlin 1914, 108 S.
Noth, Wetterkunde für Flieger. — Klasing & Co., Berlin o. Jahr (1934), 77 S.
Noth u. Zinnecker, Arbeitsheft: Wetterkunde. — Ferd. Ashelm, Berlin 1936, 34 S.
Schmauß, Das Problem der Wettervorhersage. — Henri Grand, Hamburg 1923, 78 S.
— Wetterkunde und Landwirtschaft. — P. Parey, Berlin, 2. neubearb. Aufl., 1925, 38 S.

II. Klimatographie Deutschlands.

Hellmann, v. Elsner, Henze, Knoch: Klima-Atlas von Deutschland. — D. Reimer, Berlin 1921. Vergriffen, neues Klimawerk unter anderem Titel in Vorbereitung.

III. Tabellen.

Aspirations-Psychrometer-Tafeln, herausgegeben vom Reichsamt für Wetterdienst, 1936.
Dörr u. Schlein, Hygrometertafeln (mit Anleitung zur Behandlung eines Haarhygrometers). — Selbstverlag von Dr. A. Schlein, Wien 1925, 325.
— Dörr u. Schlein, Psychrometertafeln. — Selbstverlag von Dr. A. Schlein, Wien.
Jelinek's Psychrometertafeln und Hygrometertafeln, herausgegeben von der Direktion der k. k. Zentralanstalt für Meteorologie und Geodynamik. — W. Engelmann, Leipzig 1911, 128 S.
Linke u. a., Meteorolog. Taschenbuch, I. u. II. Ausgabe, Akadem. Verl. Ges. Leipzig 1931 und 1933, 316 und 336 S.

IV. Zeitschriften.

Annalen der Hydrographie und maritimen Meteorologie, (Zeitschrift für Seefahrt- und Meereskunde), herausgegeben von der Deutschen Seewarte. — E. Mittler u. Sohn, Berlin.
Beiträge zur Physik der freien Atmosphäre (Zeitschrift für die Erforschung der höheren Luftschichten), herausgegeben von H. Hergesell u. W. Georgii — Akadem. Verlagsgesellschaft, Leipzig.
Meteorologische Zeitschrift, herausgegeben im Auftrage der Österreichischen Gesellschaft für Meteorologie und der Deutschen meteorologischen Gesellschaft, redigiert von Exner-Wien und Süring-Potsdam. — Friedr. Vieweg u. Sohn, Braunschweig.
Zeitschrift für angewandte Meteorologie, Das Wetter. — Akadem. Verlags. Ges., Leipzig.

Muster für die Eintragungen ins Tagebuch einer Station III. Ordnung.

Beobachtungen vom *28. Juli 1934.*   Station *Altdorf*

	Thermometer		Wind		Bewölkg. Menge, Dichte Witterung	Wolken		Sicht	Nieder- schlag	Zustand des Erd- bodens		
	Ablesung	korrigiert	Rich- tnng	Stär- ke		Gattung	Zug aus					
I	19.3	19.2	SW	2	7⁰ ☉	Cs	WSW	4	0.3	1		
II	25.4	25.4	SW	1	6¹	Sc	SW	4	.	0		
III	17.4	17.3	E	2	9² ● ☇	Cb	SW		15.9	2		
Summe	$\frac{I + II +}{2} \times III$	79.2	I + II + III	22	×	×	×	×	×		
Mittel	⅓ Summe	19.8	¹⁄₃ Summe	7.3	×	×	×	×	×		

Beobachtungen d. Extremthermometer zum Abendtermin	Ablesung	korrigiert	Niederschlag von gestern morgen bis heute morgen (Summe der Messungen II und III von gestern und I von heute)	Schneedeckenbeobachtung zum Morgentermin	Gesamt- Schneedecke	Neuschnee (freiwillig)
Temperatur Maximum	26.8	26.7		Höhe insgesamt (cm)		
Temperatur Minimum	13.1	13.3		Höhe am Schneeausst. (cm)		
Tagesschwankung (Max.—Min.)	×	13.4		Wasser-gehalt { des ausgestochenen Schnees insgesamt / von 1 cm im Durchschnitt		
Minimum a. Erdboden			= 0.9 mm			

s Beobachter hat immer derjenige seinen Namen einzutragen, der die Ablesungen an dem betr. Termin tatsächlich gemacht hat.

Bemerkungen über die zwischen den Terminen auftretenden Witterungserscheinungen aller Art mit Stärke und mög- lichst genauer Zeitangabe, besonders über Anfang und Ende.

☇² ringsum n -- 2. ⊕⁰ 6—10. ☇² SW — NE 16.55 — 17¹⁄₂—18³⁄₄

●¹ 17.08—17.25, ◉² 17.25—17.40, ▲² bis Taubeneigröße 17.25—17.30

●¹ 17 40—18³⁄₄. ⌒ 18³⁄₄, ☇⁰ i. N 19³⁄₄— 21¹⁄₂, ●¹ 19.55—21.05, ●¹ 22.08 — n, ☇¹ i. N u. E np

Alle Angaben nach Bahnzeit (M. E. Z.)

Beobachter: I *Werner*   II *W*   III *Boerner*

Deutscher Reichswetterdienst

Gebrauchsanweisung für die Hilfstafel zur Berechnung der Windverteilung

Am Kopf der Tabelle stehen die Richtungen, an der Seite die Stärkezahlen. Beide Angaben legt man bei der Eintragung zugrunde.

I. Beispiel: Windrichtung und Stärke E 4. Man geht bei E nach unten bis zur vierten Zeile, die am Rande die Stärkezahl 4 hat und macht dort einen senkrechten Strich, der **einmal** bedeutet. (Beim Eintragen der Striche soll die Spalte unter „St×H" frei bleiben, weil sie nachher bei der Multiplikation in der Zeile gebraucht wird.)

II. Beispiel: Windrichtung und Stärke ESE 6. Man geht bei E zur sechsten Zeile hinunter (Stärke 6) und schreibt dort ¹/₂ Strich und ebenso bei SE zur sechsten Zeile und schreibt dort gleichfalls ¹/₂ Strich was **einhalb**mal bedeutet.

(Statt ¹/₂ wird um Platz zu sparen und zu vereinfachen, ' geschrieben. Die Zeile sieht dann z. B. wenn 3 ganze und 3 halbe Striche eingetragen sind, so aus: | ' | | | ')

Wenn auf diese Weise alle Windnotierungen des Termins I in die Rechentabelle eingetragen sind, kann man zunächst ohne weiteres die Häufigkeiten bei den einzelnen Richtungen von oben nach unten zusammenzählen und unter Summe aufschreiben.

Die zugehörigen Windstärken erhält man auf folgende Weise: Die in den einzelnen Zeilen am Rande stehende Stärkezahl wird mit der Zahl der Striche bei jeder Windrichtung multipliziert.

I. Beispiel: Bei N Stärke 4 stehen 5 „Striche". Man rechnet $4 \times 5 = 20$ und schreibt 20 in die Spalte „St×H".

II. Beispiel: Bei SE Stärke 5 stehen 7 Striche und 3 mal ¹/₂ Strich, zusammen also 8¹/₂ Strich, dann kommt in den freien Raum $5 \times 8^{1/2}$, also 42,5.

Die Addition der so erhaltenen Produkte ergibt zunächst für den Termin I die Summen der Windstärken für jede Richtung.

Genau so erhält man die Summen des II. und III. Termins und schließlich durch Addition der drei Terminsummen die Endsumme der Stärke.

Bei jeder **einzelnen** Windrichtung wird nun die erhaltene Endsumme durch die Summe der Häufigkeit geteilt, um das Mittel der Stärke zu bekommen.

I. Beispiel: Bei N haben wir erhalten als Endsumme der Stärke 48, als Häufigkeit 16. Die mittlere Stärke ist dann $48 : 16 = 3$.

II. Beispiel: Bei SW haben wir erhalten als Endsumme der Stärke 53,5 als Häufigkeit 23,5. Die mittlere Stärke ist dann $53,5 : 23,5 = 2,3$.

Reichsamt für Wetterdienst

Muster für die Eintragungen ins Tagebuch einer Station II. Ordnung.

Beobachtungen vom 20. Februar 1934.   **Station: Neustadt**

	Barometer				Trockn. Thermometer		Feucht. Thermometer (unter 0° Angabe e od. w)		Dampf-druck	Relative Feuchtig-keit	Haar-hygro-meter
	Therm. a. Barom.	Ablesung	um-gerechnet auf 0°	korrigiert	Ablesung	korrigiert	Ablesung	korrigiert			
I	— 3.1	760.8	761.2	761.6	— 5.6	— 5.6	- 5,9 e	- 5.8 e	2.7	90	91
II	2.0	54.7	54.5	54.8	0 2	0.1	— 0.5 w	— 0,4 w	4.2	91	92
III	2,2	49 1	49.1	49.4	2.5	2.4	1.9	2.0	5.1	94	95
Summe	I + II + III			165.8	$\frac{I + II + III}{2 \times}$	— 0.7	I + II + III		12.0	275	278
Mittel	⅓ Summe			55.3	¼ Summe	— 0.2	⅓ Summe		4.0	92	95

Beobachtungen d. Extremthermometer zum Abendtermin	Ablesung	korrigiert	Niederschlag von gestern morgen bis heute morgen (Summe der Messungen II und III von gestern, und I von heute)	Schneedeckenbeobachtung zum Morgentermin	Gesamt-Schneedecke	Neuschnee (freiwillig)
Maximum-Thermometer	3.4	3.2		Höhe insgesamt (cm)	11	2
Minimum-Thermometer	— 5.8	— 5.8		Höhe am Schneeausstecher (cm)	11	2
Tagesschwankung (Max.—Min.)	×	9.0		Wasser-gehalt (mm) { des ausgestochenen Schnees insgesamt	19.0	1.4
Minimum-Thermometer am Erdboden	— 7.3	— 7.0	= 1.5 mm	von 1 cm im Durchschnitt	1.7	0.7

Der Beobachter hat immer derjenige seinen Namen einzutragen, der die Ablesungen an dem betr. Termin tatsächlich gemacht hat

Beobachtungen vom 20. Februar 1934.   **Station Neustadt**

	Wind		Bewölkg. Menge Dichte, Witterung	Wolken		Sicht	Nieder-schlag	Zustand des Erd-bodens			
	Rich-tung	Stär-ke		Gattung	Zug aus						
I	W	2	3⁰	Cs	?	4		8			
II	WSW	4	9² ⚲	As, Ns	SW	2	1.3	3			
III	SW	5	10² ●	Ns	?		3.0	3			
Summe	(I+II+III)		22								
Mittel	⅓ Summe		7.3								

Bemerkungen über die zwischen den Terminen auftretenden Witterungserscheinungen aller Art mit Stärke und möglichst genauer Zeitangabe, besonders über Anfang und Ende.

⌣¹ fr, Cs aus SSW 9½, ✶¹ zeitw. mit △ 11—12½ m, ✶¹ in ⊙⁰ übergehend 13¾—15, ∾¹ 14—16½, ●¹ abd—n

Alle Angaben nach Bahnzeit (M. E. Z.)

Beobachter I: M. H.   II: W. H.   III: M. H.